高等职业教育"十四五"规划教材
工业机器人应用创新型技能人才培养精品系列教材

工业机器人

应用与仿真教程

——ABB机器人

主 编 吴 芬

副主编 刘益标 潘 毅 刘根润

参 编 邢贵宁 陈 挺 李爱聪

U0278951

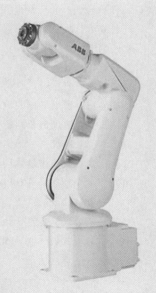

华中科技大学出版社
http://www.hustp.com
中国·武汉

内 容 简 介

本书主要介绍了机器人的常用坐标系及其设置方法与步骤,以及常用的编程指令及编程应用;同时以具体的七巧板搬运、机床上下料等典型工作任务,对ABB机器人的操作与编程进行有针对性的讲解与训练。此外,还简单介绍了HM9-RBT04机器人工作站的组成及任务场景、通用程序等。

为了方便教学,本书还配有教学资源包,任课教师可以发邮件至hustpeiit@163.com索取。

本书适合于工业机器人、机电一体化、汽车、自动化等专业相关课程的教学及实训使用。

图书在版编目(CIP)数据

工业机器人应用与仿真教程:ABB机器人/吴芬主编.—武汉:华中科技大学出版社,2020.12(2023.8重印)

ISBN 978-7-5680-6916-8

Ⅰ.①工… Ⅱ.①吴… Ⅲ.①工业机器人-教材 Ⅳ.①TP242.2

中国版本图书馆CIP数据核字(2021)第013929号

工业机器人应用与仿真教程——ABB机器人

吴芬 主编

Gongye Jiqiren Yingyong yu Fangzhen Jiaocheng——ABB Jiqiren

策划编辑:康 序

责任编辑:康 序

封面设计:孢 子

责任监印:朱 玢

出版发行:华中科技大学出版社(中国·武汉)   电话:(027)81321913

　　　　　武汉市东湖新技术开发区华工科技园   邮编:430223

录　排:武汉三月禾文化传播有限公司

印　刷:武汉市籍缘印刷厂

开　本:787mm×1092mm 1/16

印　张:11.25

字　数:288千字

版　次:2023年8月第1版第2次印刷

定　价:45.00元

前言

当前国内正面临传统制造业转型升级的关键时期，随着"中国制造 2025"国家行动纲领的提出，未来我国将在智能制造等领域不断加大投入。作为智能制造的基础和核心，工业机器人的优势表现在可以提高生产效率和质量，改善劳动条件，加快产品更新换代等方面。

目前，企业对工业机器人应用人才的需求十分旺盛。与此相对应的是，在全国范围内已有 400 余所院校开设了机器人或相关专业，主要培养机器人操作编程、研发等人才。对于国内高校而言，工业机器人实训教学面临诸如实训成本高，安全风险大，教学内容单一，多品牌、多应用场景教学困难等问题。

南京旭上数控技术有限公司开发的 XS-XN 虚实工业机器人实训系统，由虚拟的六自由度工业机器人及应用环境，以及真实的示教器和控制器等部分组成。主要特点如下。

（1）仿真度高。该实训系统不仅保留了工业机器人控制系统和示教器，而且操作方式和基本指令也与真实机器人完全相同，并且在实训设备中编写的程序，可以导入实际机器人中运行、验证。

（2）该实训系统提供多层次、多类型的应用场景，其也支持用户自由更换或者自己建模导入应用场景、机器人和工具等。

（3）该实训系统不仅可以匹配 ABB 示教器，还可以匹配 KUKA、FANUC、MOTOMAN 等示教器，具有一机多用功能。

该实训系统是 1+X 工业机器人应用编程技能等级证书"虚实结合"培训考核认证通过产品。其显著特点是好教、好学、好培训、好考，能达到经济、安全、高效的目的。

本书依托南京旭上数控技术有限公司的 XS-XN-A 型虚实工业机器人实训系统，使用 XS-A 型示教器，驱动 ABB IRB 120 机器人，采用 ABB 电气柜，按照机器人操作技能训练的教学要求进行编写。

本书主要介绍了机器人的常用坐标系及其设置方法与步骤，以及常用的编程指令及编程应用；同时以具体的七巧板搬运、机床上下料等典型工作任务，对 ABB 机器人的操作与编程进行有针对性的讲解与训练。此外，还简单介绍了 HM9-RBT04 机器人工作站的组成及任务场景、通用程序等。

本书由南京机电职业技术学院自动化工程系吴芬任主编，负责全书的统稿与编辑，并承担 1.1、1.2、1.3、2.4、4.4、4.5、5.1、5.2、6.2、6.3、6.4 节的编写任务。广东工贸职业技术学院刘益标任副主编，承担 2.5、3.3 节的编写任务。天津职业技术师范大学附属高级技术学校刘根润任副主编，承担 4.1、4.2 节的编写任务。南京旭上数控技术有限公司潘毅任副主编，承担 4.3 节的编写任务。南京旭上数控技术有限公司李爱聪承担 1.4、6.1 节的编写任务,衡水科技工程学校邢贵宁承担 3.1、3.2 节的编写任务,南京技师学院陈挺承担 2.1、2.2、2.3 节的编写任务。

本书适合于工业机器人、机电一体化、汽车、自动化等专业相关课程的教学及实训使用。

为了方便教学,本书还配有教学资源包,任课教师可以发邮件至 *hustpeiit*@163.com 索取。

由于编者水平有限,书中错误在所难免,欢迎读者批评指正!

编　者

2023 年 6 月于南京

目录

CONTENTS

第 1 章 XS-XN-A 虚拟工业机器人教学实训系统

学习要点

• XS-XN-A 虚拟工业机器人教学实训系统的基本组成。

• ROBOTMANAGER 软件界面及功能。

• XS-A 型示教器的结构组成。

1.1 工业机器人概述

工业机器人是典型的机电一体化、数字化装备,技术附加值很高,应用范围很广。作为先进制造业的支撑技术和信息化社会的新兴产业,工业机器人将对未来工业生产和社会发展起到越来越重要的作用。很显然,工业机器人将成为继汽车、计算机之后出现的又一大型高技术产业。

工业机器人主要由机械本体、驱动系统、控制系统和传感系统组成。机械本体主要包括机座、臂部、腕部和手部,越来越多的机器人还具有行走机构。驱动系统包括动力装置和传动机构,用于使执行机构产生相应的动作。控制系统是按照输入的程序对驱动系统和执行机构发出指令信号,并进行控制。传感系统主要提供各种信号,使机器人更具有智能性。多数工业机器人有 3～6 个运动自由度,其中腕部通常有 1～3 个运动自由度。

1.2 XS-XN-A 虚拟工业机器人教学实训系统简介

XS-XN-A 虚拟工业机器人教学实训系统由 XS-A 型示教器、ROBOTMANAGER 软件、控制柜等部件组成。该设备由虚拟的工业机器人本体(实训系统软件),实际的工业机器人控制系统、实际的示教器等装置组成。XS-XN-A 虚拟工业机器人教学实训系统如图 1-1 所示。

该设备中,虚拟的工业机器人本体(软件)设有入门训练场景、基础应用场景和工作站应用场景等,学生可以根据自己的专业能力进行选择性练习。该软件还支持从外部导入三维模型,教师可以使用该导入功能,增加教学案例的多样性,也可以根据企业产品或者特定要求,为学生量身打造训练场景。

该设备中,示教器型号可以根据用户的要求进行选配,如图 1-2 所示。

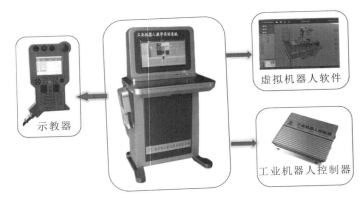

图 1-1　XS-XN-A 虚拟工业机器人教学实训系统组成

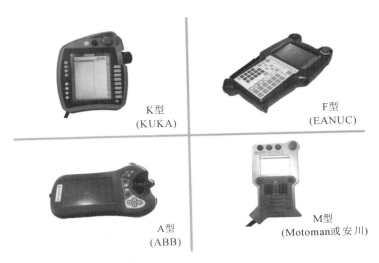

K型
(KUKA)

F型
(EANUC)

A型
(ABB)

M型
(Motoman或安川)

图 1-2　可选择的示教器型号

目前,ABB、KUKA、FANUC、YASKAWA、GSK、NACHI 工业机器人示教器是已有产品,可以直接通过数据线缆和虚拟工业机器人设备连接、使用。其他品牌的工业机器人示教器,企业可以根据用户需要进行定制化开发。

该设备也考虑了各高等院校专业教学及技能考核/考工的需要,具有工业机器人理论考试并自动评分、技能考核等功能。

1.3　ROBOTMANAGER 软件

在 XS-XN-A 虚拟工业机器人教学实训系统中,ROBOTMANAGER 软件是重要的组成部分。在开启实训系统时,应先启动示教器,然后再打开该软件。

◆ 1.3.1　软件打开与关闭

1. 打开 ROBOTMANAGER 软件

在系统桌面上双击如图 1-3(a)所示的图标,进入如图 1-3(b)所示的界面。在该界面中的【Screen】下拉菜单中选择合适的分辨率,可选择默认选项,Windowed 复选框可不选。单击【Play!】按钮,完成设置。

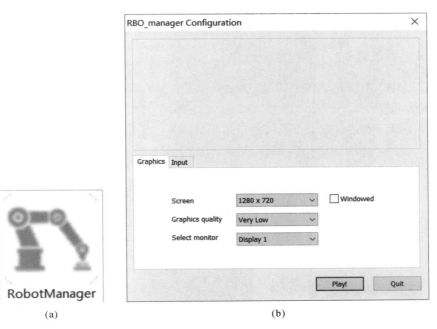

(a)   (b)

图 1-3 打开 ROBOTMANAGER 软件

ROBOTMANAGER 软件的初始化界面,如图 1-4 所示。

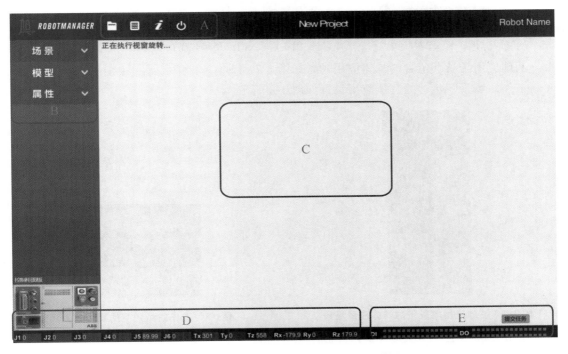

图 1-4 ROBOTMANAGER 软件的初始化界面

  其中,A 区域为菜单区;B 区域为功能区;C 区域为主窗口;D 区域为机器位置显示区,用于显示关节角度、TCP 姿态和位置等;E 区域为数字量 I/O 状态显示区。

2. 关闭 ROBOTMANAGER 软件

单击菜单区![按钮],退出该软件。

◆　1.3.2　场景选择

ROBOTMANAGER 软件中,其场景分为入门应用场景、基础应用场景和工作站应用场景三类,如图 1-5 所示。

每一类场景下面还有若干个具体的应用场景。入门应用场景下包含的具体应用场景如图 1-6 所示。

图 1-5　三类场景　　　　图 1-6　入门应用场景下的具体应用场景

基础应用场景下包含的具体应用场景如图 1-7 所示。

工作站场景下包含的具体应用场景如图 1-8 所示。

图 1-7　基础应用场景下的具体应用场景　　　图 1-8　工作站场景下的具体应用场景

使用时,单击左上角的【场景】,再选择三个场景中的一个具体应用场景。例如,选择【入门应用场景】→【关节坐标系练习-S】,如图 1-9 所示。

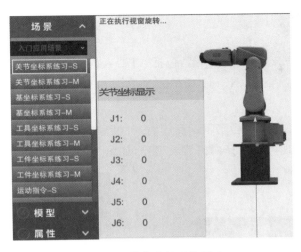

图 1-9　关节坐标系练习-S

1.3.3　缩放、平移、旋转视图

ROBOTMANAGER 的主窗口中,可以对工业机器人和工作台进行缩放、平移、旋转等操作,如图 1-10 所示。

1. 场景缩放

将光标放在主窗口区域,滑动鼠标中间滚轮来放大和缩小工作台场景。其中,鼠标滚轮向上滑动为放大工作台场景,鼠标滚轮向下滑动为缩小工作台场景。

2. 场景平移

将光标放在主窗口区域,按住鼠标左键并移动,场景将跟着光标移动方向进行平移。

3. 场景旋转

将鼠标光标放在主窗口区域,按住鼠标右键并移动,场景将跟着光标方向旋转。

4. 场景视图

将光标放在主窗口正上方区域,会出现主视图、左视图、右视图、顶视图、后视图、还原、正投影等按钮。单击相应的视图按钮,场景将调整为相应的视图。

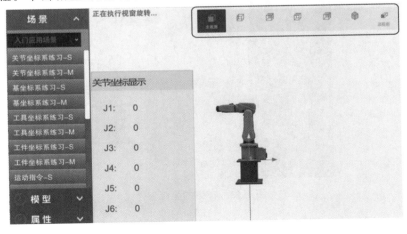

图 1-10　主窗口视图

◆ 1.3.4 模型切换

ROBOTMANAGER 中有多种模型,包括:机器人模型、工具模型、设备模型、工作站模型、工件模型和其他模型等,如图 1-11 所示。

1. 机器人模型

ROBOTMANAGER 中包含了不同品牌、多种型号的机器人模型,在功能区选择【模型】→【机器人模型】,会出现可供选择的机器人型号,如图 1-12 所示。

图 1-11   模型列表

图 1-12   机器人模型

用户根据需要选择合适的机器人型号,并用该机器人替换当前场景中的机器人。

> **注意:**
>
> 选择某一型号后,下次再打开软件时将保持上一次选择的机器人型号。

2. 模型位置偏移

单击选中某一个模型,模型上会出现一个坐标系,如图 1-13 所示。

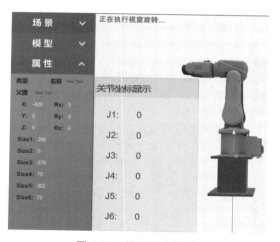

图 1-13   模型的坐标系

按住 Alt 键,同时点击鼠标左键按住坐标系轴,拖动光标,可以沿着坐标系轴方向移动该模型,如图 1-14 所示。其中,有些模型的位置不可调整,则选中该模型时模型上就不会出现坐标系。

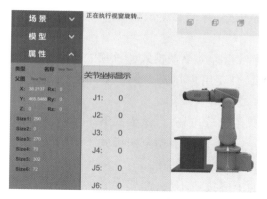

图 1-14　模型位置偏移

1.3.5　机器人控制柜选择

步骤 1　在菜单栏选择【选项】 ➡【控制柜选择】(在其左侧方框中勾选),如图 1-15 所示。

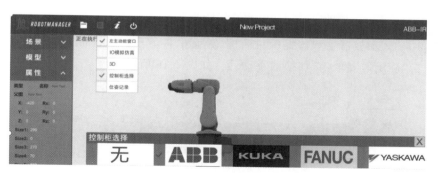

图 1-15　控制柜选择

步骤 2　根据所选机器人型号,在界面下方选择相应的控制柜。例如,选择的是 ABB 机器人,则单击界面左下角的【ABB】图标,会出现 ABB 控制柜放大图,如图 1-16 所示。

图 1-16 中右上角的模式选择开关,从左到右依次为自动、手动、手动全速三种模式,其放大图如图 1-17 所示。

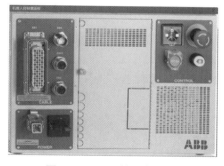

图 1-16　ABB 控制柜面板

图 1-17　模式选择开关

ABB 机器人中有些系列的产品只有手动和自动两种模式，但图标一样。

1. 手动模式

手动模式下，允许程序创建、存储和测试机器人的路径和位置。当编写程序或调试机器人系统时，使用手动模式。

（1）手动减速模式，通常也称为手动模式。该模式下，机器人只能在减速（250 mm/s 或更慢）下进行操作（移动）。只要用户在安全保护空间之内工作，就应始终以手动减速模式进行操作。

（2）手动全速模式（只限部分市场）。该模式下，机器人以预设速度移动，机器人系统可全速运行。该模式可用于测试程序。手动全速模式下，仅用于所有人员都位于安全保护空间之外时，并且操作人员必须经过特殊训练。

在手动模式下，电机的上电按钮不亮，需要一直按住侧面的使能按钮，电机才保持上电状态，机器人才可以运动。点击单步前进⊙按钮，每次可以执行一行程序。

2. 自动模式

实际生产中，不可能有人一直按着使能按钮来保持电机上电，需要采用其他方法让电机一直处于上电状态。通常机器人在程序调试完成后，在自动模式下运行。

自动模式的设置步骤具体如下。

步骤 1 单击 ROBOTMANAGER 软件左下角控制柜，将机器人模式调整为自动。

步骤 2 示教器上弹出提示对话框，界面中将显示【已选择自动模式。先点击"确认"，然后点击"确定"，要取消，切换回手动。】。如图 1-18 所示。

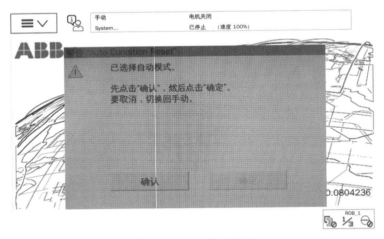

图 1-18　自动模式窗口

点击"确认"按钮，再单击确定。

步骤 3 单击控制柜上的电机上电按钮⊙，示教器屏幕右上角显示【电机上电】，控制柜电机上电按钮灯也会保持长亮。

> **注意：**
> 在非自动模式下，电机上电后，该按钮灯闪烁。

1.3.6　I/O 仿真

模拟输入信号,指的是通过勾选输入信号,来仿真输入信号高低电平的变化;输出信号的状态显示,先通过信号灯来表示。机器人 I/O 仿真,用来模拟输入/输出信号的状态。

步骤 1　选择【选项】→【IO 模拟仿真】,勾选相应的选项,单击确定,如图 1-19所示。

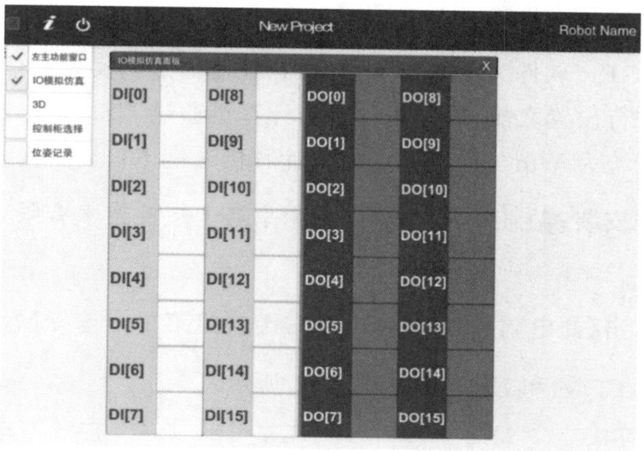

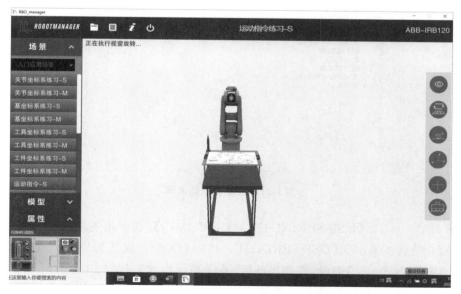

图 1-19　I/O 模拟仿真

步骤 2　点击子窗口右上角关闭按钮 X 来关闭该子窗口。

1.3.7　运动轨迹的打开与清除

在主窗口区域,若将鼠标光标放在右侧会出现一列按钮,这些都是软件的辅助按钮,如图 1-20 所示。

图 1-20　辅助功能界面

其中,几个主要按钮的功能分别介绍如下。

● ●为辅助线打开与关闭切换按钮,单击后按钮变为蓝色,表示辅助线开;若按钮为灰色,表示辅助线关。

● ⊞为轨迹清除按钮,单击后按钮变为蓝色,软件中所有轨迹线被清除。

● ⊞为场景还原按钮,单击后按钮变为蓝色,能复位应用场景中的所有模型和视角。

◆ 1.3.8 软件串口号设置

ROBOTMANAGER 软件为了顺利与示教器、控制器之间实现通信,需要在计算机上进行通信口设置。在进行设置之前,需先将设备与计算机通过 USB 口连接。

若计算机操作系统为 Windows 10,如何将计算机通信串口设置为 COM7?

步骤 1 先安装 🖥CH341SER 软件(由南京旭上数控技术有限公司提供),等待提示安装成功。

步骤 2 右击【此电脑】🖥,在弹出的右键快捷菜单中选择【管理】→【设备管理器】🖥 设备管理器 →【端口(COM 和 LPT)】,如图 1-21 所示。

图 1-21 设备管理器界面

步骤 3 右击【USB-SERIAL CH341A(COM7)】,在弹出的右键快捷菜单中选择【属性(R)】。然后在弹出的【USB-SERIAL CH341A(COM7)属性】对话框中【端口设置】标签页中点击【高级(A)...】按钮,在弹出的【COM7 高级设置】对话框中【COM 端口号(P):】下拉菜单中选择【COM7】,如图 1-22 所示。

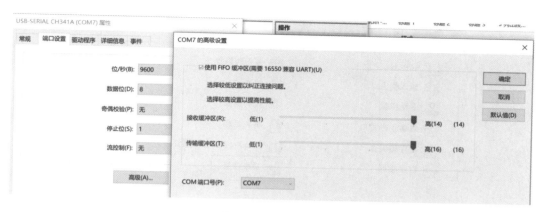

图 1-22　端口设置

点击【确定】按钮，保存设置。

1.4　XS-A 型示教器

为配合 ROBOTMANAGER 软件中不同型号的机器人，XS-A 型示教器中可以进行机器人尺寸设置。

◆ 1.4.1　机器人尺寸设置

单击【模型】，在机器人模型中，选择 ABB_ IRB120 型号机器人。然后单击【属性】，会显示该机器人的关节尺寸，如图 1-23 所示。

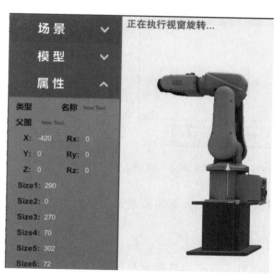

图 1-23　ABB 机器人的关节尺寸

在 XS-A 型示教器中设置该型号机器人的尺寸。具体步骤如下。

步骤 1　单击示教器上左上角 ≡∨ 按钮，弹出主菜单窗口。如图 1-24 所示。

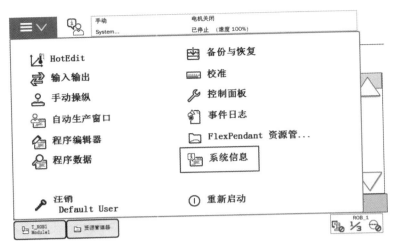

图 1-24　ABB 主菜单窗口

步骤 2　选择【系统信息】→【硬件设备】→【机械单元】→【ROB_1】→【机器人尺寸】,在界面中设置机器人尺寸参数。如图 1-25 所示。

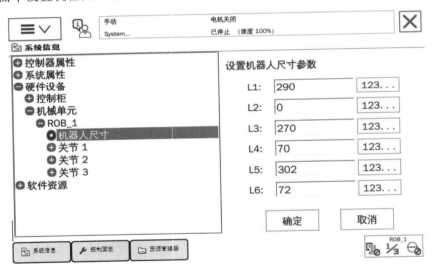

图 1-25　机器人尺寸设置

步骤 3　单击【确定】按钮,再重启示教器,尺寸设置即可生效。

◆ 1.4.2　系统备份/加载

在机器人使用过程中,为了防止用户随意更改系统参数导致出错,可以事先将系统数据备份到 U 盘中。在后续使用需要的时候,再从 U 盘中将系统数据加载到机器人中。

1. 系统备份

备份之前,将一个容量大小适合的 U 盘插入示教器侧面 USB 口。

步骤 1　在菜单中选择【备份与恢复】,如图 1-26 所示。

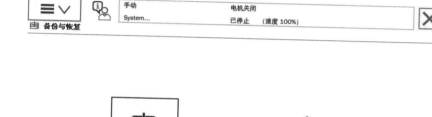

图 1-26　备份与恢复

步骤 2　在界面中点击【备份当前系统】，如图 1-27 所示。

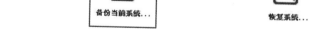

图 1-27　备份当前系统

步骤 3　选择合适的路径和文件夹名称，单击【备份】按钮，完成后返回主菜单窗口。

2. 系统恢复

步骤 1　在如图 1-26 所示界面，单击【恢复系统】。

步骤 2　选择合适的路径和文件夹名称，如图 1-28 所示。
单击【恢复】按钮，恢复之前备份过的系统。

在恢复系统时发生了重启，任何针对系统参数和模块的修改若未保存则会丢失。

浏览要使用的备份文件夹。然后按"恢复"。

图 1-28　恢复系统

◆　1.4.3　工具参数

本书所用 ABB 机器人工具类型和尺寸如表 1-1 所示。

表 1-1　ABB 机器人工具名称及尺寸

二级场景名称	工具名称	工具图片	工具尺寸		
			X	Y	Z
基坐标练习	TCP 工具 1		0	0	128
工件坐标练习	TCP 工具 1		0	0	128
运动指令	TCP 工具 1		0	0	128
偏移指令	TCP 工具 1		0	0	128
循环指令	TCP 工具 1		0	0	128
离线编程验证	TCP 工具 1		0	0	128
出入库	气爪 1		25	0	138
拼图	吸盘		0	0	126.5
分拣	吸盘		0	0	126.5

第**2**章 ABB 示教器

示教器设备由硬件和软件组成,其本身是一套完整的计算机系统。示教器用于处理与机器人系统操作相关的许多功能,如运行程序、微动控制操纵器、修改机器人程序等。

2.1 语言选择

ABB 示教器在出厂时,默认的显示语言是英语,国内的用户通常需要中文操作界面。将语言设置为中文或者需要的语言的具体方法如下。

步骤1 启动示教器,单击主菜单按钮 ,单击【Control Panel】,如图 2-1 所示。

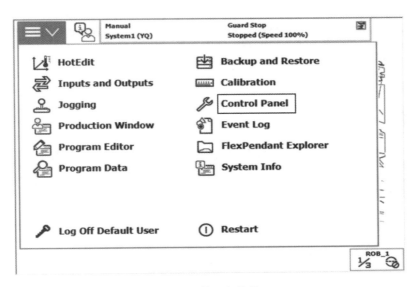

图 2-1 英文主菜单

步骤 2 　在 Control Panel 窗口，单击【Language】，如图 2-2 所示。

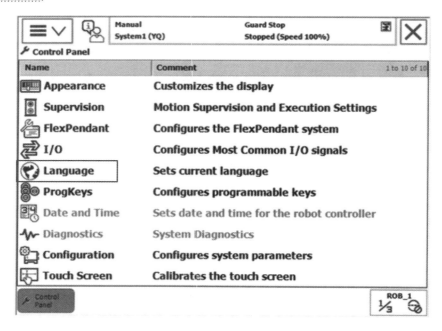

图 2-2　Control Panel 窗口

步骤 3 　在 Language 窗口，单击【Chinese】，如图 2-3 所示。

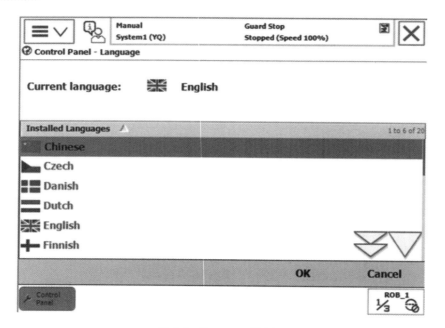

图 2-3　Language 窗口

步骤 4 　单击【OK】按钮，弹出【Restart FlexPendant】对话框，如图 2-4 所示。在对话框中单击【Yes】按钮，系统重启。

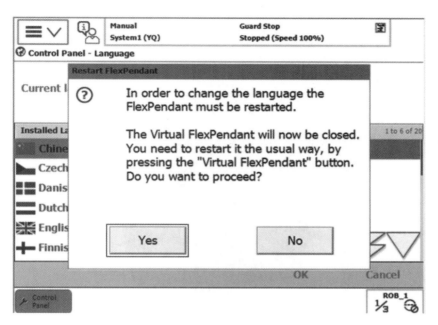

图 2-4　重启示教器

步骤 5　示教器重启完成后，单击主菜单，此时主菜单已切换成中文界面，如图 2-5 所示。

图 2-5　中文主菜单

2.2　示教器外观、功能及使用

◆　**2.2.1　外观**

ABB 示教器是进行机器人的手动操作、程序编写、参数配置以及监控用的手持装置。其外观如图 2-6 所示。

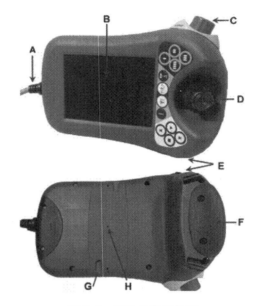

图 2-6　ABB 示教器外观

A—电缆；B—触屏显示器；C—急停按钮；D—操纵摇杆；E—USB 接口；F—使能按键；G—触屏笔；H—重置按钮

示教器面板右侧功能键区共 12 个按键，如图 2-7 所示。

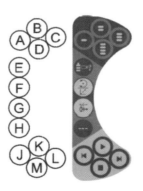

图 2-7　功能键区

其中，12 个功能键可分为以下三类。

（1）A～D 是自定义功能键，可在系统中配置常用的功能。

（2）E～H 是快速功能键，用于在操作机器人时快速改变坐标系等设置。其中：E 用于切换机械单元；F 用于切换运动模式为插补，以及线性或重定位动作；G 用于切换运动模式为关节,或 1～3 轴或 4～6 轴动作;H 用于切换动作速度增量。

(3) J～M 是程序运行控制按钮,用于半自动或自动运行时的程序启停等控制。其中,J 用于使程序后退到上条指令;K 用于使程序启动;L 用于使程序前进到下条指令;M 用于使程序停止。

示教器面板中其他按键的名称及功能如表 2-1 所示。

表 2-1　示教器面板中按键的名称及功能

序号	名称	外观	基本功能
1	急停键		按下此键,机器人停止运行。 显示器上显示急停信息。按下控制柜上的急停键时,伺服电源被切断。按下示教盒上急停键时,机器人停止运行,伺服电源未切断
2	开始键		自动模式下,再运行时,按下此键开始运行
3	停止键		程序运行过程中按下此键,停止程序的运行
4	单步前进		在手动模式下,按住使能键,按下此键单步执行下一条程序
5	单步后退		在手动模式下,按住使能键,同时按下此键则单步执行上一条程序
6	使能按键		在手动模式下,机器人电动机由示教器上的使能按键启动。这样,只有按下使能按键才能移动机器人。 使能按键设计独特,用户必须将按键按下一档才能启动机器人电动机。如果按键未按下或者按下二档,机器人均不会移动。 为了能够以手动全速模式运行程序,出于安全考虑有必要同时按住使能装置和启动按键,当以手动全速模式步进程序时,该功能依然适用
7	线性/重定位		该键主要用于手动操纵模式下,切换线性模式或重定位模式
8	1～3 轴/4～6 轴		该键主要用于手动操纵模式下,切换 1～3 轴模式或 4～6 轴模式
9	增量开关		增量开关键,用于控制机器人微速还是实速

续表

序号	名称	外观	基本功能
10	快捷键		快捷键主要用于用户自定义功能
11	3D 摇杆		3D 摇杆是用来控制机器人运动的装置。可以上下左右移动和顺时针、逆时针旋转共 6 个方向运动,控制机器人动作时也对应 3 个自由度。轴动作时对应 1~3 轴或 4~6 轴,插补动作时对应 3 个位置自由度或 3 个旋转自由度。 另外,摇杆的操纵幅度与机器人的运动速度相关。幅度越小则机器人运动速度慢,幅度越大则机器人运动速度快

◆ 2.2.2 握持

操作示教器时,通常是手持该设备。ABB 示教器正确的握持方法,如图 2-8 所示。使用者可以左手持设备,右手在触摸屏上进行操作。反之亦可。

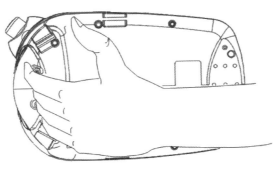

图 2-8 示教器握持方法

其中,使能按键位于示教器手动操作摇杆的下方。操作者使用左手手指操作该按键。在手动状态下,如果使能按键未被按下,则机器人处于防护装置停止状态,将显示在示教器右上角状态区。

使能按键分为两挡,按下使能按键并保持在第一挡位置,机器人处于电动机开启状态。若按下第二挡,则机器人又处于防护装置停止状态。只有使机器人保持电动机开启状态,才可以对机器人进行操作。

2.3 示教器触摸屏

示教器触摸屏界面主要由以下几部分组成,如图 2-9 所示。触摸屏各部分名称及功能分别介绍如下。

(1) ABB 主菜单。在该菜单中,可以选择 HotEdit、输入和输出、手动操纵、运行时窗口、程序编辑器、程序数据、备份与恢复、校准、控制面板、事件日志、FlexPendant 资源管理器、系统信息等选项。

(2) 操作员窗口。该窗口显示来自机器人程序的消息。当程序需要操作员做出某种响应以便继续时,往往会出现此情况。

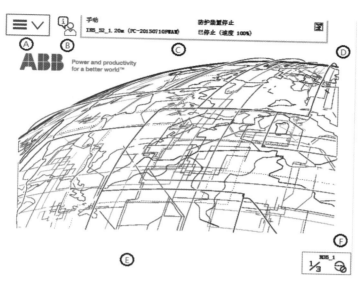

图 2-9　示教器触摸屏

A—ABB 主菜单；B—操作员窗口；C—状态栏；D—关闭按钮；E—任务栏；F—快速设置菜单

（3）状态栏。该状态栏显示与系统状态有关的重要信息，如操作模式、电动机开启/关闭、程序状态等。

（4）关闭按钮。单击关闭按钮将关闭当前打开的视图或应用程序。

（5）任务栏。在 ABB 菜单中，用户可以打开多个视图，但一次只能操作一个。任务栏显示所有打开的视图，并可用于视图切换。

（6）快速设置菜单。每个项目均采用符号来显示当前选中的属性值或设置。

2.4　手动操纵

在主菜单窗口，单击【手动操纵】，如图 2-10 所示。

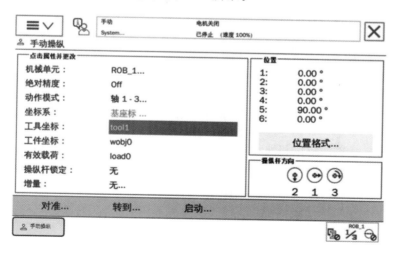

图 2-10　手动操纵窗口

◆　2.4.1　动作模式

ABB 机器人运动有几种运动模式,包括单轴运动、线性运动和重定位运动。

1. 单轴运动(1~3 轴,4~6 轴)模式

ABB 示教器单轴运动,用于控制机器人各轴的单独运动。单轴运动指的是每次手动操作一个关节轴运动。单轴运动方式,可以方便用户调整机器人各轴的位姿。

通常六自由度关节型机器人有六个独立的控制轴,机器人各轴分布情况,如图 2-11 所示。

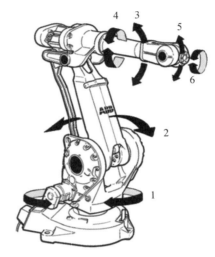

图 2-11　六关节型机器人

图中箭头所指为机器人各轴运动的方向。技术人员应熟记机器人各轴运动方向,有助于更加安全高效地操作机器人。该机器人为 6 轴,而摇杆只有 3 个自由度,可以通过单击功能键区的关节切换按钮,切换 1~3 轴和 4~6 轴控制,如图 2-12 所示。

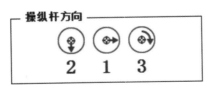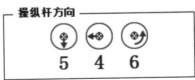

图 2-12　轴 1~3/轴 2~4 切换

机器人各关节有软件限位和硬件限位,通常情况下进入软件限位就停止动作,操纵机器人向反方向动作,退出软件限位即可。若机器人在线性或重定位模式下,运动到限位而无法退出,可以进入关节模式,逐个轴动作,退出限位位置。

在动作模式为"轴 1~3"或者"轴 4~6"时,坐标系不可选择,默认基坐标系。

1)轴 1~3 的单轴运动

步骤 1　　在 ABB 菜单中,单击【手动操纵】,查看手动操纵各属性。

步骤 2　　单击动作模式,然后选择轴(1~3)🖐。

步骤 3　按下使能开关█。

步骤 4　调整控制杆方向 ⬚，实现轴 1、2 或 3 的单轴运动。

如果在手动操纵中改变坐标系设置,当重新启动示教器后,坐标系会自动重设成基坐标系,以用于轴 1～3 动作模式。

2)轴 4～6 单轴运动

步骤 1　在 ABB 菜单中,单击"手动操纵",查看手动操纵各属性。

步骤 2　单击动作模式,然后选择轴(4～6)⬚。

步骤 3　按下使能开关█。

步骤 4　调整控制杆方向 ⬚,实现轴 4、5 或 6 的单轴运动。

2. 线性/重定位模式

线性模式是指机器人在空间中做线性运动,重定位模式是指姿态的变换。线性模式和重定位模式均有坐标系默认设置。其中,线性模式下,默认基坐标系;重定位模式下,默认工具坐标系。

这些默认设置通常在机器人重新启动后就已设定。在每个机械单元中都有效。如果改变其中一个动作模式的坐标系,该改变将被系统记忆,直至下一次重新启动(热启动)。

1)线性模式

在基坐标系下,线性动作时,机器人 TCP 点沿着基坐标 X、Y、Z 轴运动,机器人姿态保持不变。其中,红色为 X 方向,绿色为 Y 方向,蓝色为 Z 方向,如图 2-13 所示。

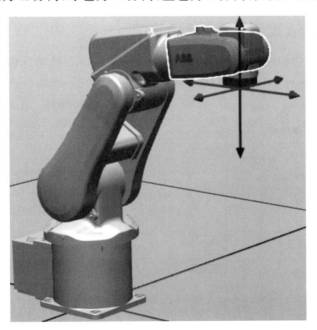

图 2-13　线性动作

2)重定位模式

重定位时,机器人 TCP 点保持不动,姿态绕着基坐标 X、Y、Z 轴旋转,如图 2-14 所示。

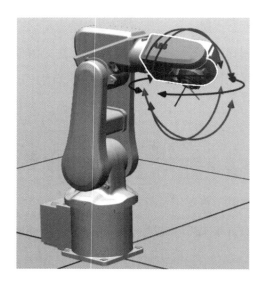

图 2-14　重定位动作

> **注意：**
> 动作模式中，线性/重定位模式使用频率非常高，通过单击功能键区的【线性/重定位】按钮 即可
> 切换线性 和重定位 动作。但是坐标系不能快捷切换，仍会保持上一次的坐标系。

◆　**2.4.2　操纵杆锁定**

在不需要移动机器人的情况下，如果担心机器人被误操作，可以将操纵杆锁定。锁定以后，操纵杆将无法控制机器人移动。具体的设置步骤如下。

步骤 1　在手动操纵窗口，单击【操纵杆锁定】，出现操纵杆锁定窗口，选择需要锁定的操纵杆方向。例如，三个方向都锁定，如图 2-15 所示进行操作。

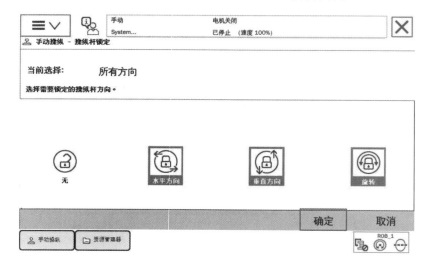

图 2-15　操纵杆锁定窗口

选择完毕后单击【确定】按钮。

步骤 2 按住使能按键不放,当状态栏显示【电机上电】时,从不同方向操纵摇杆,观察机器人是否运动。

步骤 3 重新将操纵杆锁定设置为【无】。再按住使能按键不放,当状态栏显示【电机上电】时,从不同方向操纵摇杆,观察机器人是否运动。

◆ 2.4.3 增量模式

在某些需要机器人微动的场合,通过摇杆操纵机器人运动比较困难。可以在增量模式下,对机器人进行微动操作。在增量模式下,摇杆偏转一次,机器人就移动一步(增量)。如果摇杆偏转持续一秒钟或数秒钟,机器人就会持续移动(速率为 10 步/秒)。每一步移动的幅度,根据增量程序的不同而各不相同,如表 2-2 所示。

表 2-2 增量大小

增量	距离/毫米	角度/°
小	0.05	0.005
中	1	0.02
大	5	0.2
用户	自定义	自定义

在增量模式下,摇杆偏移幅度不影响机器人速度,这为初学者提供了方便。具体的增量设置步骤如下。

步骤 1 单击手动操纵窗口中的【增量】按钮,出现增量窗口,如图 2-16 所示。

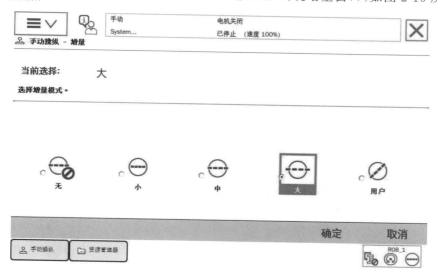

图 2-16 增量窗口

选择【大】,单击【确定】按钮,返回手动操纵窗口。

步骤 2 在该增量模式下,按下示教器侧面的使能按键,当状态栏显示【电机上电】时,从不同方向操纵摇杆,观察机器人运动速度的变化和方向。

2.5　快速设置菜单

快速设置菜单位于显示器的右下方,单击快速设置按钮 |⅓ᴿᴼᴮ_¹⚙|,该菜单中的每个项目均采用符号来显示当前选中的属性值或设置。如图 2-17 所示。

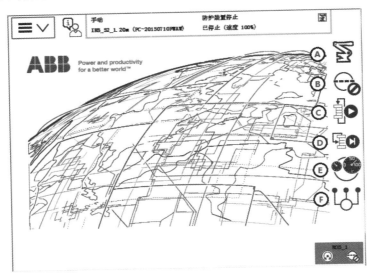

图 2-17　快速设置菜单

其中:A 表示机械单元;B 表示增量;C 表示运行模式;D 表示单步模式;E 表示速度;F 表示任务。

◆　**2.5.1　机械单元**

在机械单元 🔧 下,可以设置动作模式和坐标系,如图 2-18 所示。

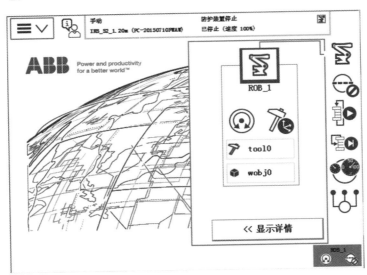

图 2-18　机械单元

1. 动作模式

若要查看或更改机器人动作模式,可以在机械单元中,单击该模式的设置按钮⊙。如图 2-19 所示,选择重定位模式。

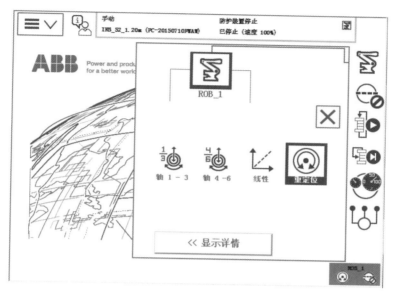

图 2-19　动作模式快捷选择

2. 坐标系设置

若要查看或更改坐标系,单击坐标系设置按钮⊙。如图 2-20 所示,选择【大地坐标】。

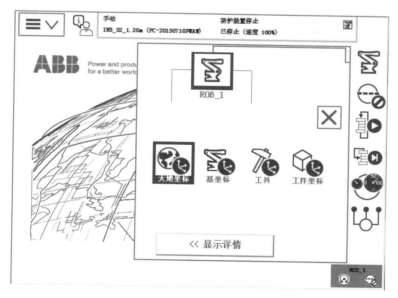

图 2-20　坐标系快捷选择

3. 工具坐标

若要查看或更改可用的工具,单击工具设置按钮⊅ tool0。如图 2-21 所示,选择【tool0】

工具坐标。

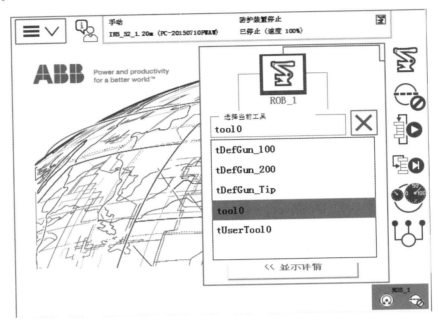

图 2-21　工具坐标快捷选择

4. 工件坐标

若要查看或更改可用的工件,单击工件设置按钮 ⬡ wobj0 。如图 2-22 所示,选择
【wobj0】工件坐标。

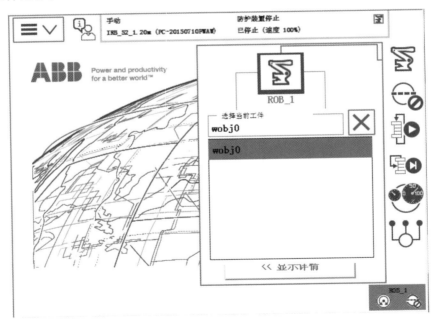

图 2-22　工件坐标快捷选择

2.5.2 增量/非增量

增量快捷按钮 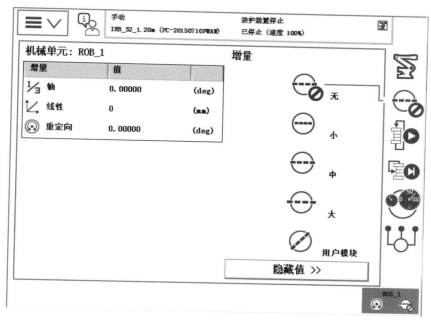，可以切换增量和非增量模式，增量大小保持上一次的值，即点击按钮只能切换增量和非增量模式，无法切换增量的大小。若要进行增量大小设置，单击增量模式按钮，再单击右下角的【<<显示值】按钮。如图 2-23 所示。

图 2-23　增量快捷设置

2.5.3 运行模式

运行模式 分为单周运行和连续运行，如图 2-24 所示。

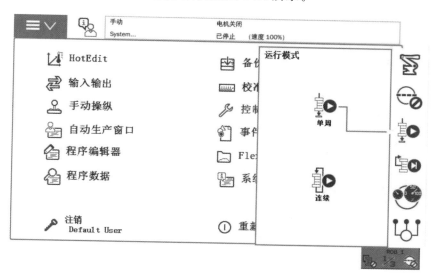

图 2-24　运行模式

单周运行模式运行一次后停止,连续运行模式是不间断的循环运行。

◆ **2.5.4 步进模式**

步进模式 ▣▸ 包含步进入、步进出、跳过和下一步行动等几种,如图 2-25 所示。

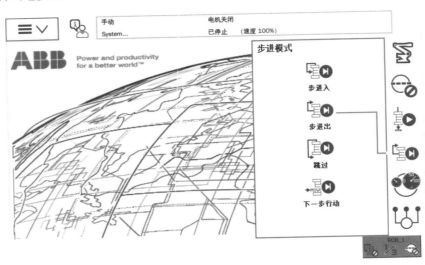

图 2-25　步进模式

◆ **2.5.5 速度**

速度表示自动运行程序时,机器人的速度。单击速度快捷按钮 ⚙,可以对机器人运动速度进行设置,如图 2-26 所示。

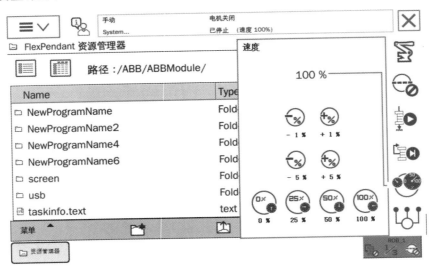

图 2-26　速度快捷选择

速度选择范围为 1%~100%,可以将光标移至运行速度,通过功能键更改机器人运动速度。其中,各按钮的功能分别介绍如下。

（1）【−1％】表示降低机器人的运行速度，每次降低 1％；【−5％】表示降低机器人的运行速度，每次降低 5％。

（2）【＋1％】表示增加机器人的运行速度，每次增加 1％；【＋5％】表示增加机器人的运行速度，每次增加 5％。

（3）【25％】表示运行速度直接切换至 25％；【100％】表示运行速度直接切换至 100％。

◆ **2.5.6 要停止和启动的任务**

在要停止和启动的任务 页面，通过勾选或不勾选相应的选项来停止或者启动机器人。如图 2-27 所示。

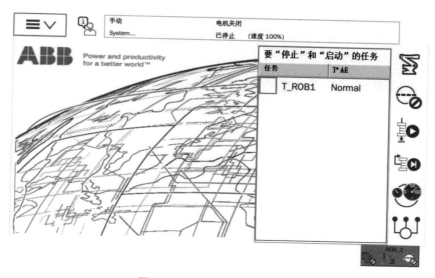

图 2-27 要停止或启动的任务

第 3 章　ABB 机器人应用程序

学习要点

- ABB 机器人应用程序的创建。
- ABB 机器人应用程序的删除。
- ABB 机器人应用程序的修改、编辑。

ABB 机器人应用程序使用 RAPID 编程语言的特定词汇和语法编写而成。RAPID 编程语言是一种英文编程语言,包含一连串控制机器人的指令,执行这些指令可以实现对机器人的控制操作。

RAPID 程序由程序模块和系统模块组成,一般用程序模块来构建机器人程序。使用中,可以根据不同的任务创建不同的模块,这样便于分类管理。在一个 RAPID 程序中,同时只能有一个主程序(main)。其中,每一个程序模块可以包含程序数据、例行程序、中断程序和功能等四种对象,但不一定同时都包含四种对象。

3.1　新建、打开程序

◆　3.1.1　新建程序

步骤 1　单击示教器左上角的 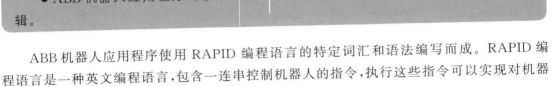 按钮,打开主菜单窗口,如图 3-1 所示。

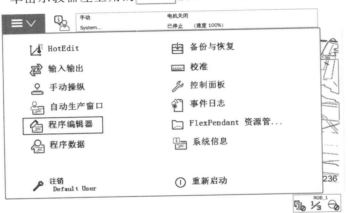

图 3-1　主菜单窗口

步骤 2 在主菜单窗口中单击【程序编辑器】，在程序编辑器窗口，单击【任务与程序】，如图 3-2 所示。

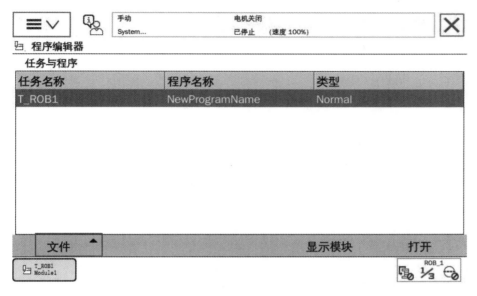

图 3-2 任务与程序窗口

步骤 3 选择【文件】→【新建程序】，将弹出【任务 'T_ROB1' 已有程序，点击 '保存' 以在替换 'NewProgramName' 前将其保存。点击 '不保存' 以替换 'NewProgramName' 且不保存。】提示框。单击【保存】按钮。

步骤 4 再单击右下角的【…】按钮，在输入面板中输入程序名为【huaguji】（可自拟），如图 3-3 所示。

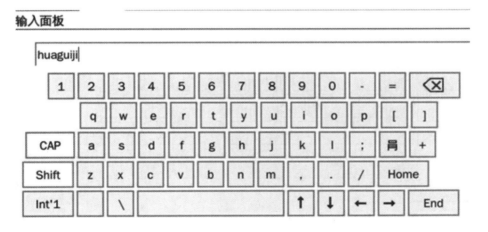

图 3-3 输入名称 huaguji

步骤 5 单击【确定】按钮，返回上一层页面。再单击【确定】按钮，在 T_ROB1（系统默认）任务下创建了一个名为 huaguiji 的程序，如图 3-4 所示。

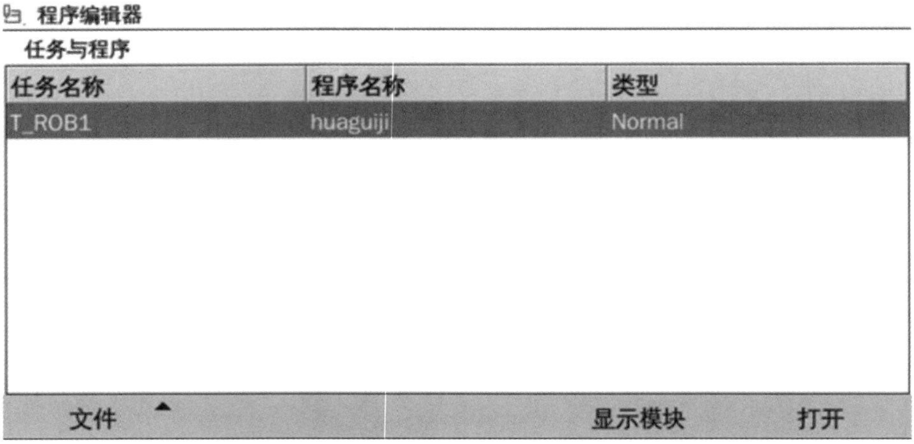

程序编辑器

任务与程序

任务名称	程序名称	类型
T_ROB1	huaguiji	Normal

文件　　　　　　　　　　　　　　　　　　显示模块　　　打开

图 3-4　新建 huaguiji 程序

◆　3.1.2　新建模块

步骤 1　　在【任务与程序】页面中，单击【显示模块】，选择【文件】→【新建模块】，将弹出【添加新的模块后，您将丢失程序指针。是否继续？】提示框。单击【是】按钮。

步骤 2　　单击名称栏右侧的【ABC…】按钮，输入【juxing】（可自拟），如图 3-5所示。

图 3-5　输入名称 juxing

步骤 3　　单击【确定】按钮，返回上一层页面。再单击【确定】按钮，在 huaguiji 程序下，新建了一个名为 juxing 的模块，如图 3-6 所示。

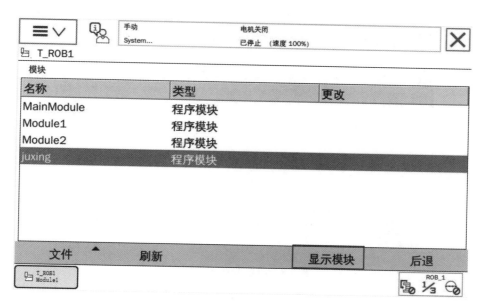

图 3-6　新建 juxing 模块

◆　3.1.3　新建例行程序

步骤 1　　在 juxing 程序模块中，单击【显示模块】按钮，然后单击【例行程序】按钮，再选择【文件】→【新建例行程序】。

步骤 2　　单击右侧的【ABC…】按钮，输入 juxing1，如图 3-7 所示。

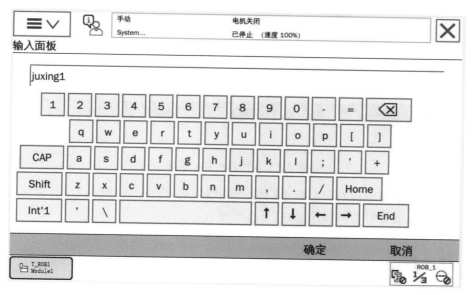

图 3-7　输入程序 juxing1

步骤 3　　单击【确定】按钮，返回上一层页面，再单击【确定】按钮，在 juxing 程序模块下，新建了一个名为 juxing1（）的例行程序，如图 3-8 所示。

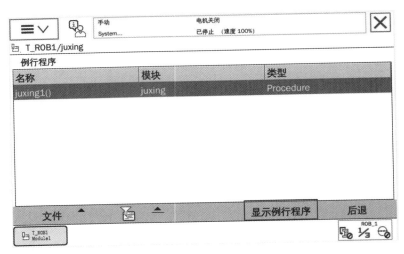

图 3-8　新建 juxing1（）程序

◆ 3.1.4　打开程序

程序创建完成后，单击【显示例行程序】按钮，即可进入程序编辑窗口。如图 3-9 所示。

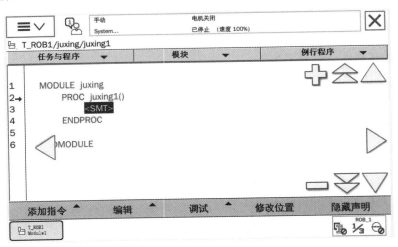

图 3-9　编辑 juxing1（）程序

也可以在【程序编辑器】窗口，单击【例行程序】按钮，选中要打开的程序，再单击【打开】按钮，或者直接双击要打开的程序名，打开该程序。

3.2　删除程序

◆ 3.2.1　删除例行程序

■ 步骤 1　在【程序编辑器】窗口，单击【例行程序】，选中要删除的程序，如 sanjiaoxing（）。如图 3-10 所示。

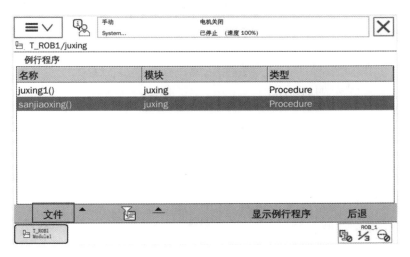

图 3-10　选中 sanjiaoxing()程序

步骤 2　选择【文件】→【删除例行程序】,弹出【此操作不可撤销。任何未保存的更改将会丢失。点击'确定'以删除例行程序 XXX 且不保存。】提示框。单击【确定】按钮,删除该程序。

◆　3.2.2　删除模块程序

步骤 3　在【程序编辑器】窗口,单击【模块】,选中要删除的模块,如 Module2。如图 3-11 所示。

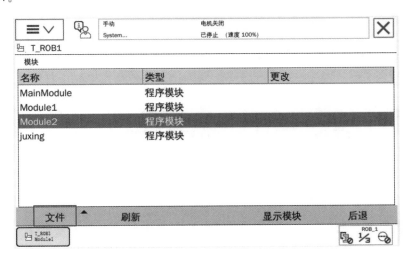

图 3-11　选中 Module2 模块

步骤 4　选择【文件】→【删除模块】,弹出【此操作不可撤销。任何未保存的更改将会丢失。点击'确定'以删除模块 XXX 且不保存。】提示框。单击【确定】按钮,删除该模块。此时,该模块下的例行程序一并被删除。

3.3　编辑程序

◆ 3.3.1　指令的添加

步骤 1　在模块 juxing 中，单击【显示例行程序】按钮，选中 juxing1()，进入该程序的编辑窗口。

步骤 2　单击选中〈SMT〉，单击【添加指令】按钮，弹出【Common】(指令一览表)对话框。如图 3-12 所示。

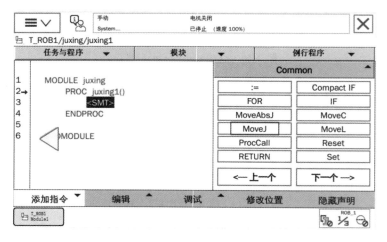

图 3-12　Common 指令

步骤 3　单击想要添加的指令，如 MoveJ。首次添加运动指令时，MoveJ 后面会出现 *，如图 3-13 所示。

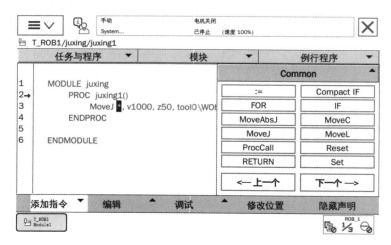

图 3-13　添加指令 MoveJ

步骤 4　双击 *，在插入表达式窗口，单击【新建】按钮，robtarget 的名称使用默认值【p10】，如图 3-14 所示。

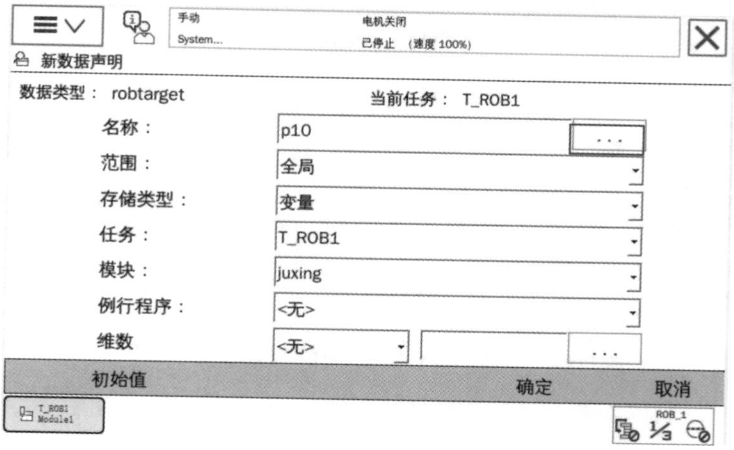

图 3-14　新建数据 p10

步骤 5　　如果想自定义名称，可单击右侧的【…】按钮，将弹出输入面板。例如，自定义数据名称 p12，在文本框输入【p12】，如图 3-15 所示。

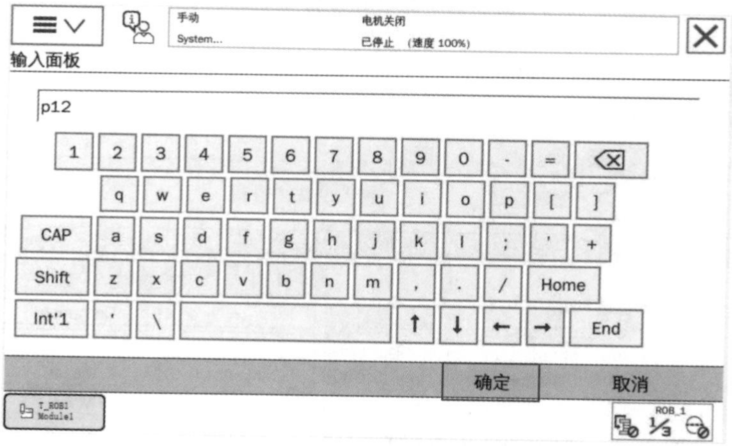

图 3-15　输入数据 p12

单击【确定】按钮，robtarget 数据的其余选项均使用默认设置，如图 3-16 所示。

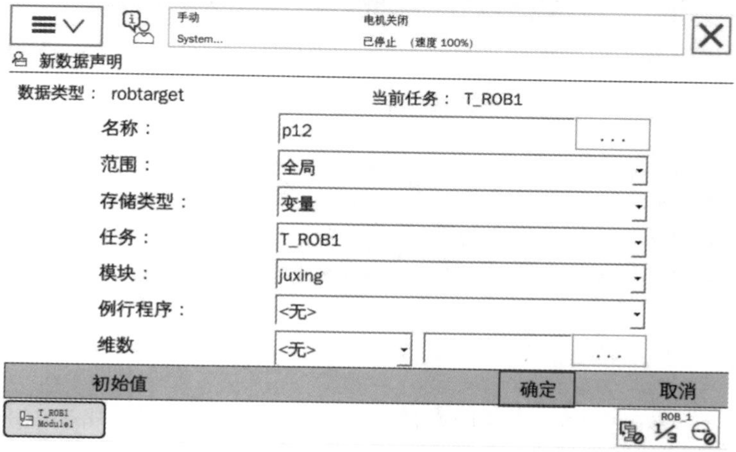

图 3-16　新建数据 p12

步骤 6　单击【确定】按钮，返回插入表达式窗口。再单击【确定】按钮，程序行中数据名称修改完毕，如图 3-17 所示。

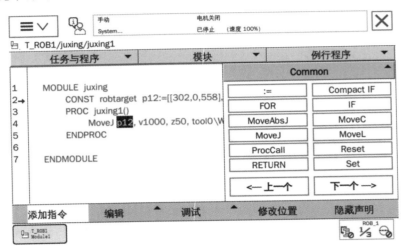

图 3-17　修改程序数据名称

步骤 7　当插入第二行指令时，将弹出【是否需要在当前选定的项目之上或之下插入指令?】提示框。单击【下方】按钮，插入第二条指令，如图 3-18 所示。

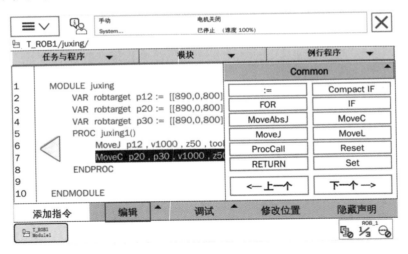

图 3-18　添加指令 MoveC

> **注意：**
> (1) 如果不修改数据名称，默认以 p10，p20，p30，…命名。
> (2) 当程序中有多条指令时，光标停在最后一行指令上，新指令将插入在下一行。

◆　3.3.2　指令的修改

步骤 1　在例行程序中，选中要修改的指令类型，单击【编辑】按钮。例如，要修改运动指令 MoveJ 类型，单击【更改为 MoveL】按钮，如图 3-19 所示。

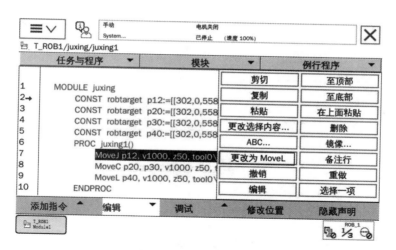

图 3-19　修改指令 MoveJ

完成修改后,结果如图 3-20 所示。

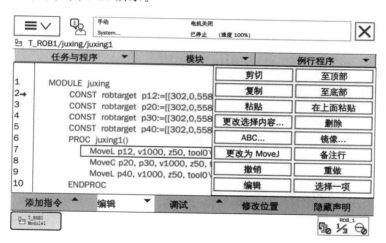

图 3-20　修改成 MoveL

步骤 2　如果要修改指令中的某一参数,可以双击该参数,如 p12。如图 3-21 所示。

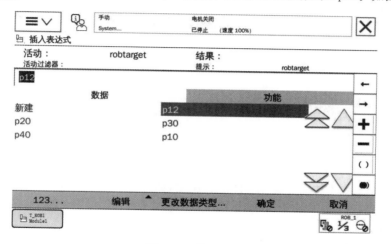

图 3-21　修改 p12

修改的数据名称可以通过新建,或者选择已有数据来确定,如 p10。如图 3-22 所示。

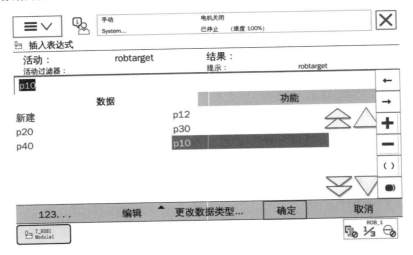

图 3-22　将 p12 修改为 p10

单击【确定】按钮,完成该数据修改。

> **注意:**
> MoveL,MoveJ,MoveC 指令后面的点的位置(数据类型 robtarget)是工件坐标系下的位置,若坐标系发生变化,则点的位置也发生变化。

■ **步骤 3**　设置速度数据 v。默认情况下为 v×××,×××越大,则速度越快。初学者建议使用速度在 v50～v200 之间。

双击要修改的速度数据 v1000,如图 3-23 所示。

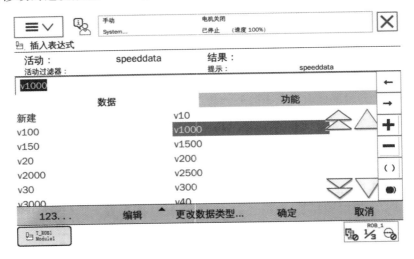

图 3-23　修改速度 v1000

在弹出的修改窗口中新建或者选择已有速度,如选择 v200,如图 3-24 所示。

■ **步骤 4**　修改转弯半径 Zone。

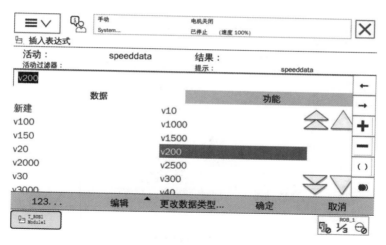

图 3-24 修改为 v200

Zone 表示转弯半径，机器人在运行两行运动指令时，若设置了转弯半径（如 z50），机器人会平滑过渡。转弯半径越大，则机器人的运动路径越圆滑，但是路径将不经过目标点而进行偏移。如图 3-25 所示。

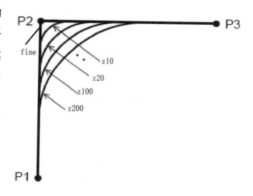

建议初学者刚开始编程时，选择【fine】值，即准确到达一个位置，防止转弯时和周边物体碰撞，造成事故。

在 zonedata 窗口双击要修改的 z50，如图3-26所示。

图 3-25 指令末端类型

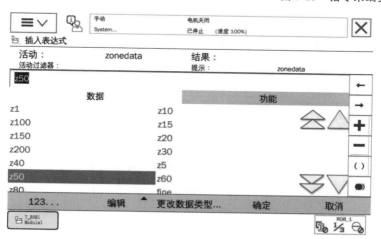

图 3-26 修改 zone 数据 z50

在 zonedata 窗口，新建或者选择已有数据，如 fine。如图 3-27 所示。单击【确定】按钮完成修改。

步骤 5 修改工具数据 tool0。

双击要修改的工具坐标 tool0，如图 3-28 所示。

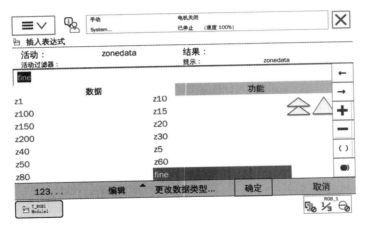

图 3-27 修改为 fine

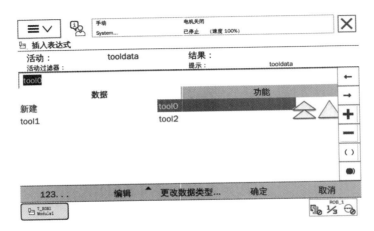

图 3-28 修改 tool0

在弹出的修改窗口新建或者选择已有 tool 名称,如 tool2。如图 3-29 所示。

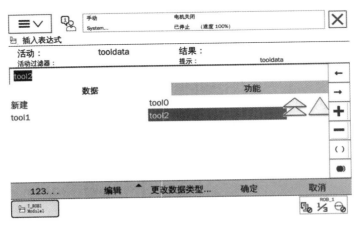

图 3-29 修改为 tool2

该指令修改完成,如图 3-30 所示。

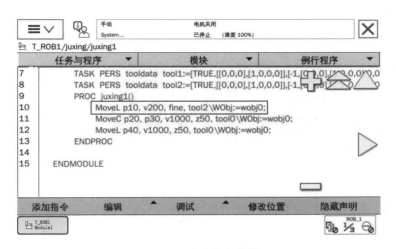

图 3-30　完成指令编辑

◆　3.3.3　单行指令的删除

步骤 1　　在例行程序中，单击【编辑】按钮，选中要删除的指令，如图 3-31 所示。

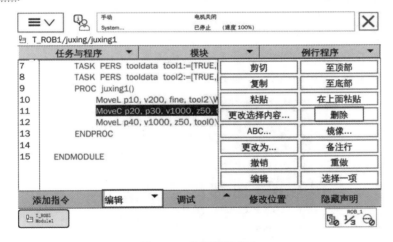

图 3-31　编辑删除指令

步骤 2　　单击【删除】按钮，弹出确认对话框，单击【确定】按钮，可以删除当前（被选中的）指令。

第**4**章 ABB 机器人入门应用场景

学习要点
- 基坐标系的标定及应用。
- 工具坐标系的标定及应用。
- 工件坐标系的标定及应用。
- 运动指令及应用。
- 偏移指令及应用。
- 数字量 I/O 设置。

XS-XN-A 虚拟工业机器人教学实训系统中,机器人入门应用场景主要分为:基坐标系、工具坐标系、工件坐标系、运动指令、偏移指令、循环指令等场景。如图 4-1 所示。

图 4-1 入门应用场景

在 ABB 机器人系统中,机器人坐标系有:大地坐标系、基坐标系、工具坐标系、工件坐标系等,如图 4-2 所示。

其中,大地坐标系也称为世界坐标系,是以地面为基准的三维笛卡尔直角坐标系,可用来描述物体相对于地面的运动。对于常用的、地面垂直安装的单机器人系统,系统默认为大地坐标系和基(座)坐标系重合,这时,可以不设大地坐标系。例如,两个机器人处于同一个系统时,只存在一个大地坐标(B 坐标系),A、C 坐标系为两个机器人各自的基坐标系。如果系统中只有单独的机器人,没有其他机器人或协调轴,基坐标系和大地坐标系是重合的。对

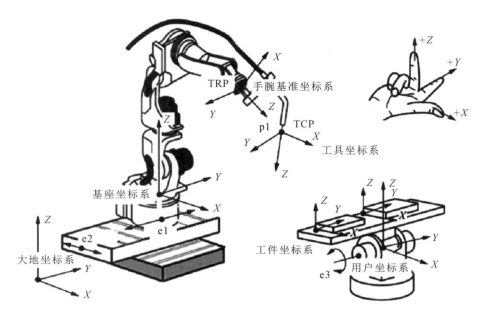

图 4-2 ABB 机器人坐标系

于安装在协调运动轴上的机器人系统,大地坐标系也是唯一的。此时,基坐标系与大地坐标系不一定重合。如图 4-3 所示。

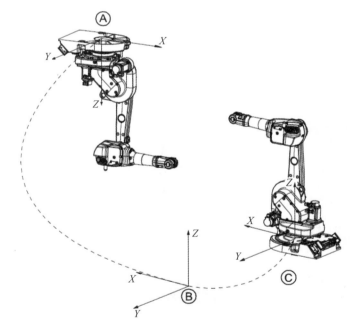

图 4-3 大地坐标系

此外,基坐标系、工件坐标系、工具坐标系都是空间笛卡尔坐标系,只是原点位置和坐标轴方向不同。在这些坐标系中,要确定机器人位置,需要确定末端工具 TCP 的位置和姿态信息。其中:位置用 X、Y、Z 表示,X、Y、Z 表示 TCP 点在相应坐标系下的坐标数值;姿态用 q1、q2、q3、q4 表示,q1、q2、q3、q4 为四元素法表示的空间姿态。

在每个机械单元中:线性模式下,机器人 TCP 点沿着基坐标 X、Y、Z 轴运动,机器人姿态保持不变;重定位模式下,机器人 TCP 点保持不动,姿态绕着基坐标 X、Y、Z 轴旋转。

4.1   基坐标系

◆ 4.1.1   基坐标系简介

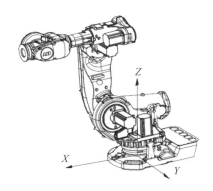

图 4-4   基坐标系

基(座)坐标系,也称机器人坐标系,是以机器人安装基座为基准,描述机器人本体运动的虚拟笛卡尔直角坐标系。基坐标系在机器人基座中有相应的零点,它对于将机器人从一个位置移动到另一个位置很有帮助。任何机器人都需要有基坐标系。

基坐标系通常以腰回转轴线为 Z 轴,以机器人安装底面为 XY 平面。其 Z 轴正向与腰回转轴线方向相同,X 轴轴线与腰回转轴 j1 的 0°线重合,手腕离开机器人向外方向为 X 轴正向,Y 轴由右手定则确定。如图 4-4 所示。

◆ 4.1.2   基坐标系下点动

若需要使机器人在基坐标系下将各轴都运动起来,可以进行机器人点动操作。具体操作步骤如下。

■ 步骤 1   打开 ROBOTMANAGER,选择【入门应用场景】→【基坐标系练习-S】,如图 4-5 所示。

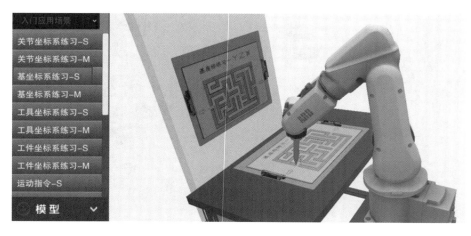

图 4-5   基坐标系练习-S

■ 步骤 2   选择【模型】→【机器人模型】→【ABB_IRB120】,将弹出【是否替换默认的机器人型号?】提示框。单击【替换】按钮,确认选择【ABB_IRB120】机器人为当前使用机器人。

步骤 3　单击控制柜面板,勾选手动控制　。

步骤 4　单击示教器主菜单按钮　≡∨　,在主菜单窗口,单击【手动操纵】,再单击【动作模式】,选择【线性】。如图 4-6 所示。

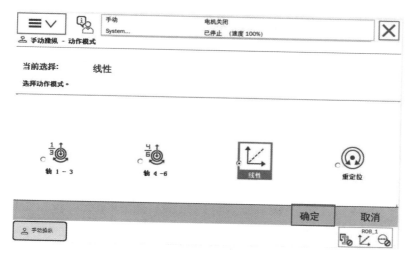

图 4-6　动作模式窗口

单击【确定】完成选择。

步骤 5　在手动操纵窗口,单击【坐标系】,选择【基坐标】,如图 4-7 所示。

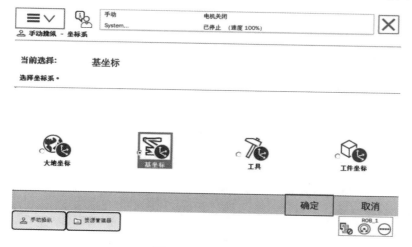

图 4-7　坐标系窗口

单击【确定】,返回手动操纵窗口,如图 4-8 所示。

步骤 6　单击屏幕右下角的快捷按钮　,在弹出的窗口中,选择【速度】,将速度调整到 75%,如图 4-9 所示。

步骤 7　按住示教器侧面的使能按键不放,同时操纵摇杆,观察机器人各轴的运动情况。各轴的坐标值,可以在示教器右上方【位置】栏查看。

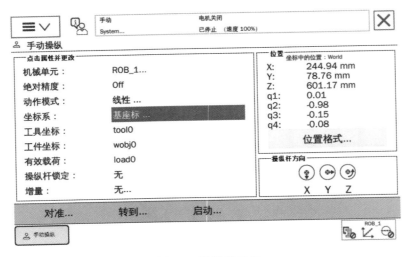

图 4-8　选择基坐标

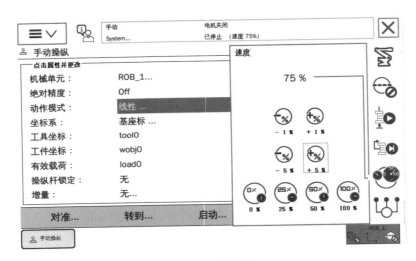

图 4-9　速度调整

> **注意：**
>
> 　　除了基坐标系，在其他坐标系下，选择线性和重定位动作模式，会出现"奇异点"报警。出现这种情况时，可通过操纵各轴关节动作，调节机器人的位置和姿态进行解决。各个关节和机器人空间位置都有极限位置，到达某一方向极限时，需要把机器人往反方向移动。

4.2　工具坐标系

4.2.1　工具坐标系简介

工具坐标系是机器人作业必需的坐标系，如图 4-10 所示。

建立工具坐标系是为了确定工具 TCP 位置和安装方式（姿态）。工具坐标系的原点和轴正方向是自定义的，但是可以根据常用习惯来设置。通常将工具中心点设为坐标原点，由

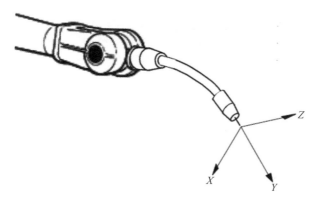

图 4-10   工具坐标系

此来定义工具的位置和方向。

　　所有机器人在手腕处都有一个预定义的工具坐标系 tool0,可以将一个或多个新工具坐标系定义为 tool0 的偏移值。执行程序时,机器人将 TCP 移至编程位置。在实际应用中,通过建立工具坐标系,机器人在使用不同的工具作业时,只需要改变工具坐标系,就能保证 TCP 到达指令点,无需对程序进行其他修改。

　　通常,工具坐标系原点和轴的正方向相对于大地或者基坐标一直随着机器人的运动而发生变化,但是相对于工具来说是保持不变的,如图 4-11 所示。

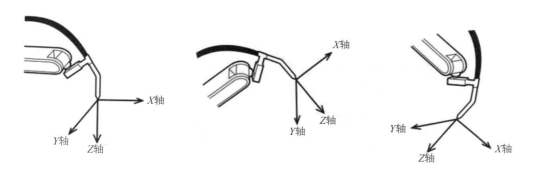

图 4-11   工具坐标系位姿

　　在标定工具坐标系时,通常需要标定位置和姿态,也可以只标定位置。如果方向不一致,则需要标定姿态信息。

　　工具坐标 tooldata 的参数及含义,如表 4-1 所示。

表 4-1   工具坐标 tooldata 的参数及含义

序号	符号	含义	单位	备注
1	tframe.trans.x tframe.trans.y tframe.trans.z	工具中心点位置在机器人末端坐标系下的坐标	mm	标定的位置信息
2	tframe.rot.q1 tframe.rot.q2 tframe.rot.q3 tframe.rot.q4	工具坐标系的框架定向	无	$q1^2 + q2^2 + q3^2 + q4^2 = 1$ 标定的姿态信息

序号	符号	含义	单位	备注
3	tload. mass	质量	kg	默认为－1,需要修改,通常改为1
4	tload. cog. x tload. cog. y tload. cog. z	重心点位置在机器人末端坐标系下的坐标	mm	小负载机器人不常用,默认值即可
5	tload. aom. q1 tload. aom. q2 tload. aom. q3 tload. aom. q4	力矩轴方向	无	小负载机器人不常用,默认值即可
6	tload. ix tlod. iy tload. iz	转动力矩	$kg \cdot m^2$	小负载机器人不常用,默认值即可

◆ **4.2.2 直接输入法**

若事先知道所使用工具的尺寸和偏转角,可以用直接输入法进行工具坐标设定。具体操作步骤如下。

步骤 1 打开 ABB 示教器,打开 ROBOTMANAGER 软件,选择【入门应用场景】→【工具坐标系练习-S】,模型选择【ABB_IRB120】,控制柜选择【ABB】,打开控制柜面板将机器人模式调为手动,如图 4-12 所示。

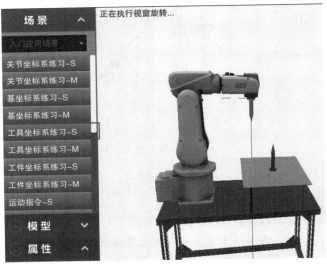

图 4-12 工具坐标系练习-S

步骤 2 单击主菜单 ≡∨ 按钮,在主菜单窗口,单击【程序数据】,在程序数据窗口,选中【tooldata】,如图 4-13 所示。

步骤 3 单击【显示数据】,系统默认为 tool0,单击【编辑】,选择【删除】,可以将默认数据之外的其他数据都删除。

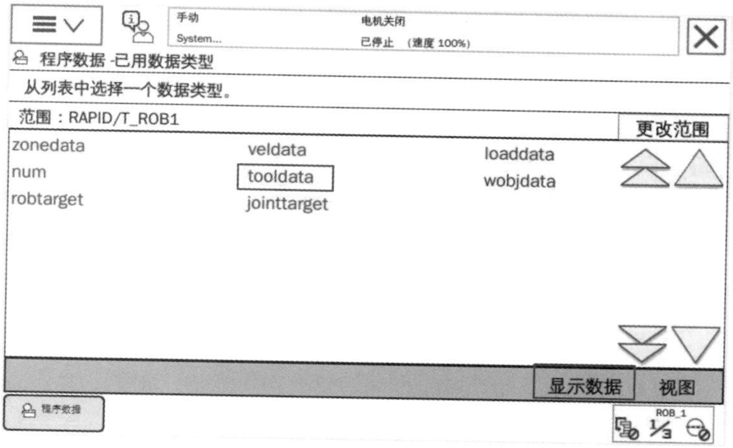

图 4-13　tooldata 数据

步骤 4　单击【新建】，将【名称】设置为【tool1】，或根据需要设定，其他选项取默认值，如图 4-14 所示。

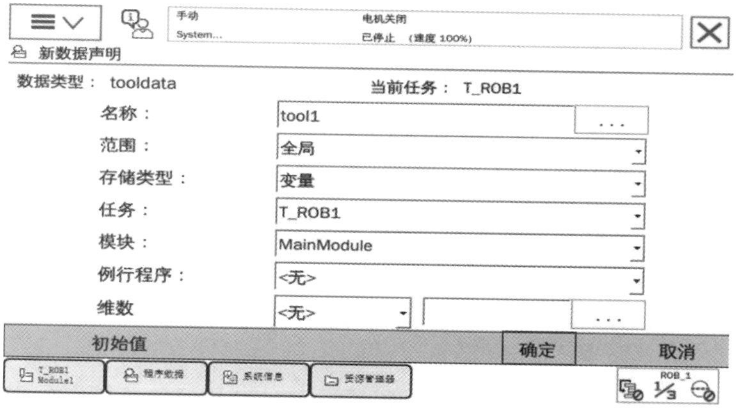

图 4-14　设置工具坐标 tool1

步骤 5　单击【确定】按钮，完成工具坐标 tool1 的创建，如图 4-15 所示。

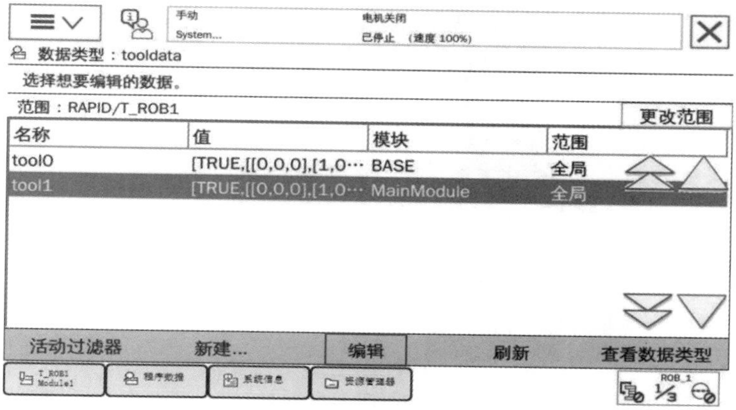

图 4-15　新建工具坐标 tool1

步骤 6 单击 tool1,选择【编辑】→【更改值】。其中 x＝0,y＝0,z＝130,mass＝1,如图 4-16 所示。

图 4-16 编辑工具坐标 tool1

其中,系统默认 mass 是－1,通常改成一个大于 0 的数值,如 1 或 0.1。

单击【确定】按钮,返回数据类型 tooldata 窗口。

步骤 7 在主菜单中,单击【手动操纵】,选择动作模式为【线性】,选择坐标系为【工具坐标系】,设置工具坐标为【tool1】。

步骤 8 按下示教器侧面使能按键,状态栏显示电机上电,从不同的方向操纵摇杆,观察工具坐标系下机器人的运动。

4.2.3 三点法

若事先不知道工具尺寸和偏转角度,则需要标定尺寸和偏转角。实际工作中,使用标定法确定工具坐标较为常用。若只标定位置,则工具坐标系 X、Y、Z 轴方向与机器人末端坐标系各轴的方向一致,但是原点不同,如图 4-17 所示。

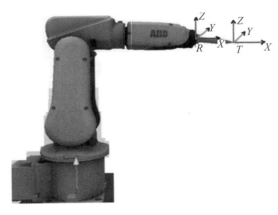

图 4-17 工具坐标系

通常,工具坐标系的标定方法为将机器人要标定的工具 TCP 点以不同的姿态移动到同一点,系统就可以自动计算出工具的尺寸信息。理论上,机器人可以用 3~9 种姿态靠近同一个点,而实际上用 3~4 种姿态便可以了。姿态数越多,标定误差越小。若各姿态变化尽量大,也可以减小标定误差。

具体操作步骤如下。

步骤 1 在主菜单窗口,单击【程序数据】,选中 tooldata,单击【显示数据】。

步骤 2 在 tooldata 数据类型窗口中单击【新建】按钮,新建一个名为【tool2】的工具坐标,如图 4-18 所示。

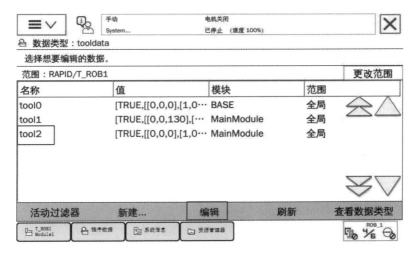

图 4-18 新建工具坐标 tool2

步骤 3 选中 tool2,选择【编辑】→【定义】,在工具坐标定义窗口中的【方法】下拉菜单中选择【TCP(默认方向)】,在【点数】下拉菜单中选择【3】,如图 4-19 所示。

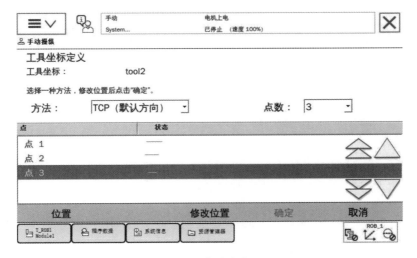

图 4-19 三点法定义 tool2

步骤 4 将机器人工具末端以某一姿态移动到标定点,如图 4-20 所示。

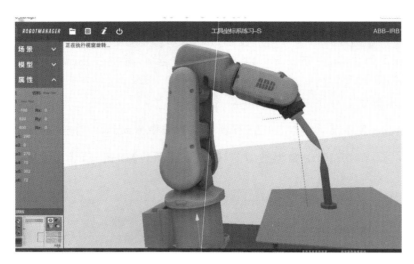

图 4-20　第一姿态

步骤 5　选中【点 1】,单击【修改位置】,当前位置被记录到点 1。点 1 的【状态】栏显示【已修改】,如图 4-21 所示。

图 4-21　修改第一点

步骤 6　将机器人工具末端点以另一种姿态移动到标定点,选中【点 2】,单击【修改位置】,当前位置被记录到点 2。

步骤 7　将机器人工具末端点以第三种姿态移动到标定点,选中【点 3】,单击【修改位置】,当前位置被记录到点 3,三个点都被修改完成。如图 4-22 所示。

步骤 8　单击【确定】按钮,tool2 工具坐标计算结果,如图 4-23 所示。

每个人标定结果相似但不一定相同,因为误差不同。

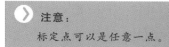
注意:
标定点可以是任意一点。

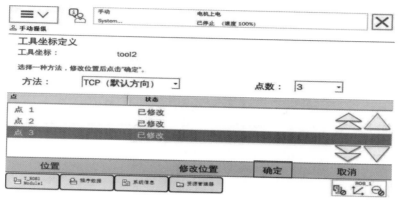

图 4-22　修改三个点

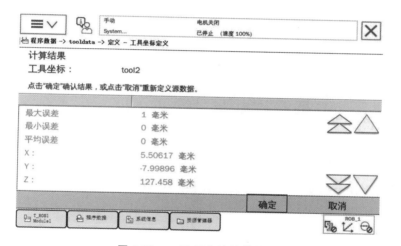

图 4-23　tool2 三点法计算结果

单击【确定】按钮，返回数据类型窗口。

步骤 9　　选中 tool2，选择【编辑】→【更改值】，把【mass】的默认值由－1 改为 1。如图 4-24 所示。

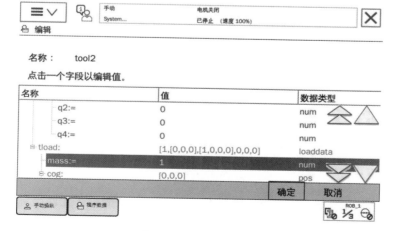

图 4-24　修改 mass 值

单击【确定】按钮,工具坐标 tool2 设置完成。如图 4-25 所示。

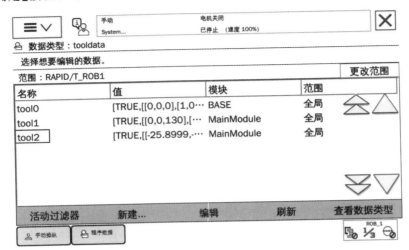

图 4-25　确定工具坐标 tool2

步骤 10　在主菜单窗口中单击【手动操纵】。在手动操纵窗口,单击【动作模式】,选择【线性】;单击【坐标系】选择【工具坐标系】;工具坐标选择 tool2。

步骤 11　按下示教器侧面使能按键,状态栏显示电机上电,从不同方向操纵摇杆,观察机器人在工具坐标系下,X、Y、Z 的运动方向。

步骤 12　在手动操纵窗口,修改动作模式为重定位;设置坐标系为工具坐标系;设置工具坐标为 tool2。

步骤 13　再次按下示教器侧面使能按键,状态栏显示电机上电,从不同方向操纵摇杆,观察机器人的运动方式和方向。并比较机器人在不同的动作模式下,运动轨迹的不同之处。

4.3　工件坐标系

◆　4.3.1　工件坐标系简介

工件坐标系是以工件为基准来描述 TCP 运动的虚拟笛卡尔坐标系。工件坐标系的使用是离线编程的基础,当机器人或者工件实际位置和软件中有差别时,只需要找一个合适的工件坐标系就可以解决。当机器人需要对不同的工件进行相同的作业时,通过建立工件坐标系,只需要改变工件坐标系,不需要对程序进行其他修改,就能保证工具 TCP 到达指令点。

对于工具固定、机器人用于移动工件的作业,必须通过工件坐标系来描述 TCP 与工件的相对运动。例如,运动轨迹在一个斜面上,需建立工件坐标系,包括工件坐标系 A 和工件坐标系 B,如图 4-26 所示。

工作时,当选择工件坐标系 A 时,机器人 X 正方向沿着平行于工件坐标系 A 的 X 轴正方向运动。若选择工件坐标系 B,则机器人 X 正方向沿着平行于工件坐标系 B 的 X 轴正方向运动。

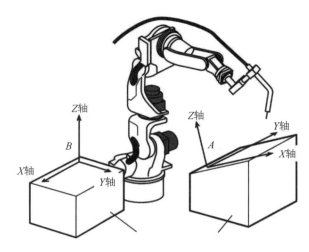

图 4-26　工件坐标系

　　此外,工件坐标系允许在用户坐标系的基础上建立多个。这些工件坐标系有些表示不同工件,有些表示同一工件在不同的位置。例如,工件坐标系重新定位工作站工件时,只需更改工件坐标系的位置,所有路径将随之更新。它还允许操作外轴或传送导轨移动工件,因为整个工件可连同其路径一起移动。

　　本书中,工件坐标系各参数如表 4-2 所示。

表 4-2　工件坐标 wobjdata 参数表

值	实例	单位	备注
工件坐标	oframe. trans. x oframe. trans. y oframe. trans. z	mm	常用
工件框架方向	oframe. rot. q1 oframe. rot. q2 oframe. rot. q3 oframe. rot. q4	—	常用
用户框架位置的笛卡尔坐标	uframe. trans. x uframe. trans. y uframe. trans. z	mm	不常用,保持默认值
用户框架方向	uframe. rot. q1 uframe. rot. q2 uframe. rot. q3 uframe. rot. q4	—	不常用,保持默认值

◆ 4.3.2　三点法

1. 任务背景

　　工件坐标系定义可以使用三点法。这三点为 X1、X2 和 Y1。通过 Y1 点作 X1、X2 所在直线的垂足,垂足为坐标系原点 O,X1、X2 为 X 方向,OY1 为 Y 轴方向,Z 轴方向由右手坐标系确定,用户手动记录这三个点,如图 4-27 所示。

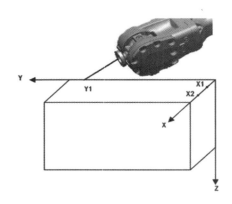

图 4-27　定义工件坐标系

2. 操作步骤

步骤 1　打开 ROBOTMANAGER 软件，选择【入门应用场景】→【工件坐标练习-S】，选择机器人【ABB_IRB120】，控制柜选择【ABB】，将机器人模式调为手动，如图 4-28 所示。

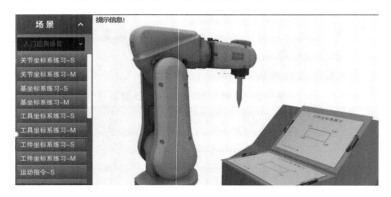

图 4-28　工件坐标系练习-S

步骤 2　在主菜单窗口，单击【程序数据】，选择【wobjdata】，单击【显示数据】，如图 4-29 所示。

图 4-29　wobjdata 窗口

其中,wobj0 是机器人默认的工作坐标系,不可删除或修改。选中相应工件坐标系,单击【编辑】,在弹出窗口中单击【删除】,可以删除 wobj0 以外的所有工件坐标系。

步骤 3 单击【新建】,设置【名称】为【wobj1】(名称可以根据需要设置),保持其他参数不变,如图 4-30 所示。

图 4-30 工件坐标 wobj1

单击【确定】按钮,工件坐标系 wobj1 创建完成,如图 4-31 所示。

图 4-31 新建工件坐标 wobj1

步骤 4 选中 wobj1,单击【编辑】,在弹出对话框中单击【定义】,【用户方法】选择【3 点】,如图 4-32 所示。

步骤 5 将机器人工具末端移动到面板下边框靠左一点,如图 4-33 所示。

在示教器中选择【用户点 X1】,单击【修改位置】,则当前位置被记录到第一个点,示教器中【状态】栏显示用户点 X1 状态为【已修改】,光标自动移动到下一行。如图 4-34 所示。

将机器人工具末端移动到面板底面水平方向一点,如图 4-35 所示。

在示教器中选择【用户点 X2】,单击【修改位置】,则当前位置被记录到第二个点,示教器中【状态】栏显示用户点 X2 状态为【已修改】,光标自动移动到下一行。

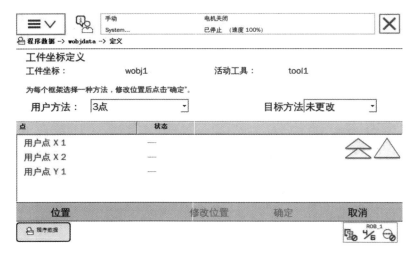

图 4-32　三点法定义 wobj1

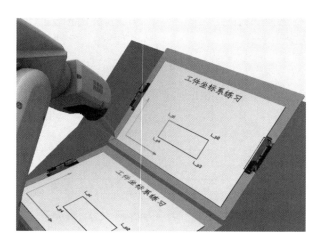

图 4-33　wobj1 坐标系原点

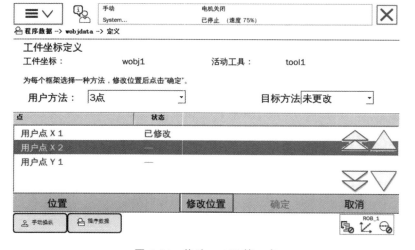

图 4-34　修改 wobj1 第一点

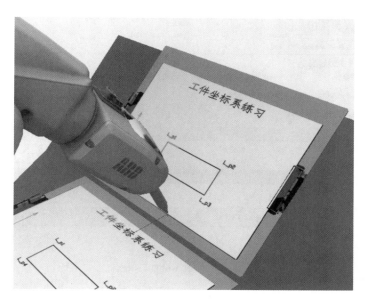

图 4-35   wobj1 坐标系 X 轴方向

步骤 6   将机器人工具末端移动到面板倾斜面左侧上一点,如图 4-36 所示。

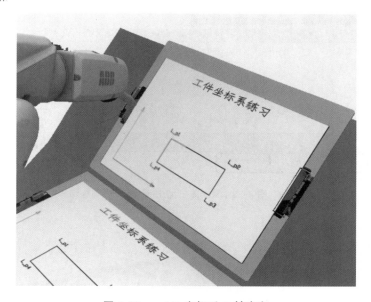

图 4-36   wobj1 坐标系 Y 轴方向

在示教器中选择【用户点 Y1】,单击【修改位置】,则当前位置被记录到第三个点,示教器中【状态】栏显示用户点 Y1 状态为【已修改】,如图 4-37 所示。

步骤 7   单击【确定】,工件坐标 wobj1 的计算结果如图 4-38 所示。
单击【确定】,返回至【数据类型:wobjdata】窗口。

步骤 8   wobj1 工件坐标系创建完成,如图 4-39 所示。

步骤 9   在主菜单窗口,单击【手动操纵】,选择动作模式为【线性】,设置坐标系为【工件坐标】,设置工具坐标为【tool1】,设置工件坐标为【wobj1】。

图 4-37　修改 wobj1 三个点

图 4-38　wobj1 三点法计算结果

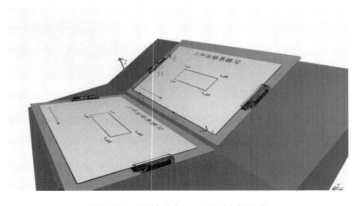

图 4-39　工件坐标 wobj1 创建完成

步骤 10　按下示教器侧面的使能按键不放，等状态栏显示电机上电，从不同方向操纵摇杆,观察机器人的运动方式和方向。

步骤 11　也可以选择动作模式为【重定位】,选择坐标系为【工件坐标】,其他不变。按下示教器侧面的使能按键不放,等状态栏显示电机上电,从不同方向操纵摇杆观察机器人的运动方式和方向。

◆ 4.3.3 工件坐标系应用

1. 任务 1

1）任务 1 要求

在工件坐标系练习场景中,让机器人在斜平面上沿着矩形轨迹 L_p1→L_p2→L_p3→L_p4→L_p1 运动一周,如图 4-40 所示。

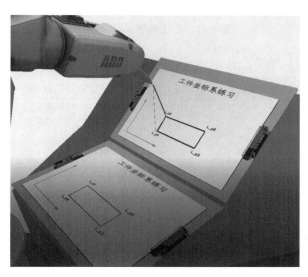

图 4-40　斜面矩形轨迹

其中,在示教器 MainModule 模块中,编写一个名为 Routine1()的例行程序,工具坐标系用 tool1,工件坐标系用 wobj1。

2）任务 1 操作步骤

步骤 1　在示教器中打开 ROBOTMANAGER 软件,选择【入门应用场景】→【工件坐标练习-S】,机器人模型选择【ABB_IRB120】,控制柜选择【ABB】,将机器人模式调为手动。

步骤 2　在手动操纵窗口,选择动作模式为【线性】,选择坐标系为【工件坐标系】,选择工具坐标为【tool1】;选择工件坐标为【wobj1】。

步骤 3　在示教器主菜单窗口,单击【程序编辑器】,单击【例行程序】。在例行程序窗口,删除 main()以外所有的例行程序,再新建一个名为 Routine1()的例行程序,如图 4-41 所示。

步骤 4　单击【显示例行程序】,在程序编辑窗口,选中 Routine1()中的【〈SMT〉】。

步骤 5　将机器人工具末端点移到初始位置附近,单击【添加指令】,单击【MoveAbsJ】,一行指令被添加到程序中,如图 4-42 所示。

图 4-40　斜面矩形动画 ▶

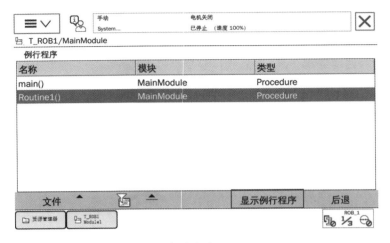

图 4-41　新建程序 Routine1（）

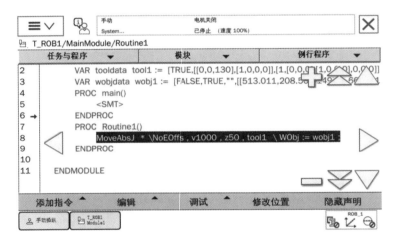

图 4-42　Routine1（）第一行指令

双击 * 号，在 jointtarget 数据类型窗口，单击【新建】，设置【名称】为【jpos10】，单击【确定】，返回数据类型窗口，再【单击】确定，返回程序编辑窗口，如图 4-43 所示。

图 4-43　修改位置名称为 jpos10

再将该指令中的速度修改为【v200】，将转弯半径修改为【fine】。

步骤 6 将机器人工具末端点移动到斜面上 L_p1 点，如图 4-44 所示。

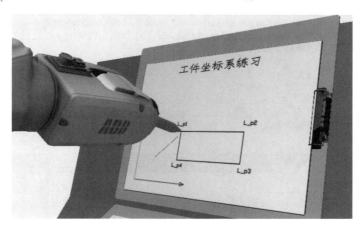

图 4-44　斜面矩形第一点

选中 Routine1() 的第 1 行，单击【添加指令】，单击【MoveJ】，添加在第 1 行的下方，如图 4-45 所示。

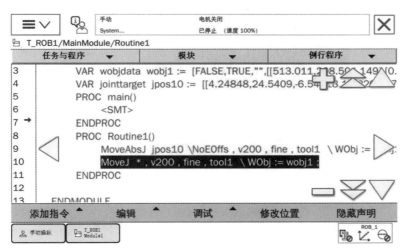

图 4-45　矩形第一点指令

双击 * 号，在 robtarget 数据类型窗口，单击【新建】，【名称】默认选择【p10】，单击【确定】，再单击【确定】，返回程序编辑窗口，如图 4-46 所示。

步骤 7 将机器人工具末端点沿着工件坐标系 X 轴正方向移动到斜面上 L_p2，如图 4-47 所示。

选中 Routine1() 的第 2 行，单击【添加指令】，单击【MoveL】，一行 MoveL 指令被添加到程序中。

步骤 8 将机器人工具末端点沿着工件坐标系 Y 轴负方向移动到斜面上 L_p3，如图 4-48 所示。

图 4-46 修改位置名称 p10

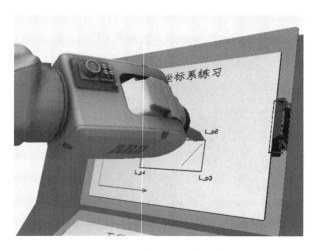

图 4-47 斜面矩形第二点

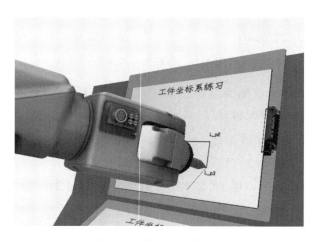

图 4-48 斜面矩形第三点

选中 Routine1()的第 3 行,单击【添加指令】,单击【MoveL】,一行 MoveL 指令被添加到程序中。如图 4-49 所示。

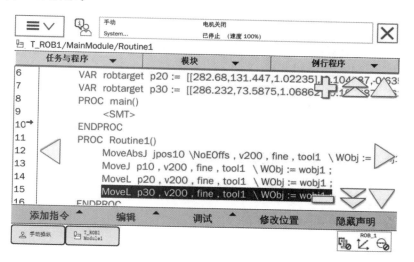

图 4-49　矩形第三点指令

步骤 9　将机器人工具末端点沿着工件坐标系 X 轴负方向移动到斜面上 L_p4，如图 4-50 所示。

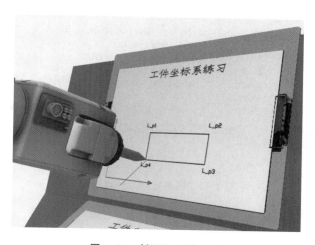

图 4-50　斜面矩形第四点

选中 Routine1() 的第 4 行，单击【添加指令】，单击【MoveL】，一行 MoveL 指令被添加到程序中。

步骤 10　单击【添加指令】，单击【MoveL】，一行 MoveL 指令被添加到程序中。如图 4-51 所示。

选择位置 p50，双击出现 robtarget 数据类型窗口，选择 p10，该行程序使机器人回到矩形起点。如图 4-52 所示。

步骤 11　选中 Routine1() 第 1 行中的【MovAbsJ】，选择【编辑】→【复制】，再选中 ENDPROC 上一行指令，单击【粘贴】。该行程序使机器人回到初始位置。

步骤 12　Routine1() 最终的完整程序，如图 4-53 所示。

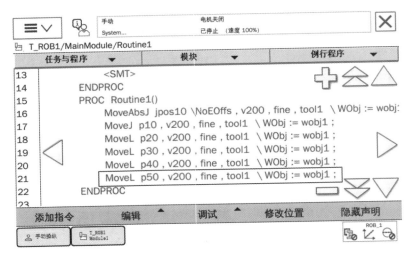

图 4-51　矩形第四点指令

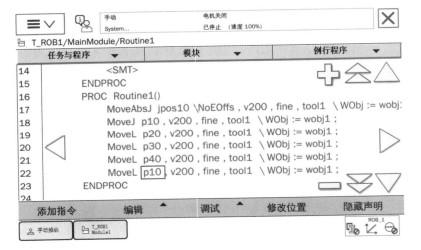

图 4-52　回到矩形第一点指令

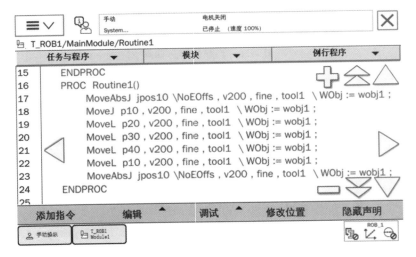

图 4-53　Routine1()最终程序

步骤 13 单击右下角快捷设置菜单,将运行模式调整为【单周】,如图 4-54 所示。

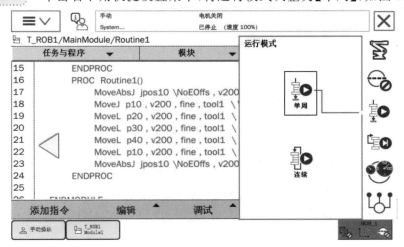

图 4-54 单周运行

步骤 14 单击【调试】,选择【PP 移至例行程序】,选择 Routine1(),如图 4-55 所示。

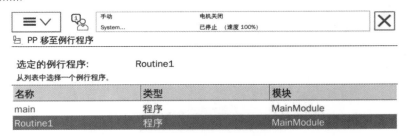

图 4-55 调试 Routine1()程序

单击【确定】。按住侧面使能按键不放,等屏幕显示电机上电,按一下启动程序按钮 ,
程序从当前第一行一直运行到最后一行结束。

> **注意:**
> 　上文新建的 wobjdata、tooldata、jointtaget、robbottarget 等变量都存放在 MainModule 模块中,若该模块被删除,则所有数据同时被删除。

2. 任务 2

1) 任务 2 要求

在工件坐标系练习场景中,让机器人工具末端点沿着水平面上矩形运动一周,要求工具的参数不变。如图 4-56 所示。

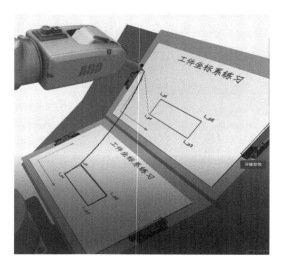

图 4-56　平面矩形轨迹

可以看出，水平面上的矩形轨迹和斜面上的轨迹完全一样，可以看成斜面上矩形轨迹移动到水平面上。斜面上矩形轨迹程序 Routine1() 调整为平面上矩形轨迹程序有如下两种方法。

方法一　将 Routine1() 中所有程序行的【wobj：=wobj1】修改为【wobj：=wobj2】。该方法的缺点是若程序行多，修改比较麻烦且效率低下。

方法二　用三点法新建一个工件坐标系 wobj2，再修改 wobj1 的名称（如改为 wobj1a）。再将 wobj2 的名称修改为 wobj1。本任务选用第二种方法，如图 4-57 所示。

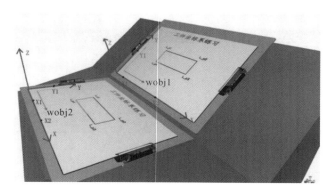

图 4-57　工件坐标系变换

上图中，以斜面为基础建立的工件坐标系为 wobj1（红色），以平面为基础建立的工件坐标系下为 wobj2（蓝色）。斜面上 L_p1 点在 wobj1 下的位置和以平面上 L_p1 点在 wobj2 下的位置完全相同，指令 MoveL、MoveJ 记录的位置都是在工件坐标系 wobj1 下的。

2）任务 2 操作步骤

步骤 1　新建一个工件坐标系 wobj2，创建方法与 wobj1 相似，采用三点法，如图 4-58 所示。

（1）机器人工具末端点移动到底面靠左的 X1 位置，如图 4-59 所示。

选中【用户点 X1】，单击【修改位置】，则当前位置被记录到第一个点，示教器中【状态】栏显示用户点 X1 状态为【已修改】。

◄ 图 4-56　平面矩形动画

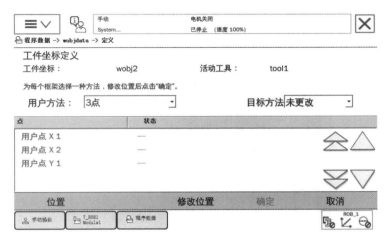

图 4-58　三点法定义 wobj2

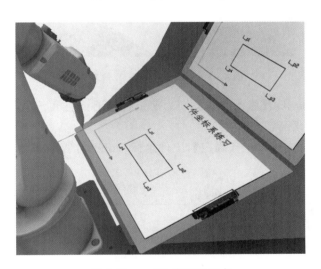

图 4-59　wobj2 坐标系原点

（2）机器人工具末端点移动到底面靠右的 X2 位置，如图 4-60 所示。

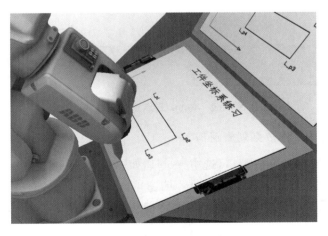

图 4-60　wobj2 坐标系 X 轴方向

选中【用户点 X2】,单击【修改位置】,则当前位置被记录到第二个点,示教器中【状态】栏显示用户点 X2 状态为【已修改】。

（3）将机器人工具末端点移动到侧面 Y1 位置,如图 4-61 所示。

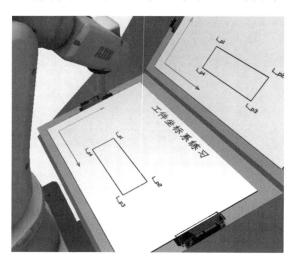

图 4-61　wobj2 坐标系 Y 轴方向

选中【用户点 Y1】,单击【修改位置】,则当前位置被记录到第三个点,示教器中【状态】栏显示用户点 Y1 状态为【已修改】。

（4）三个点修改完成后,单击【确定】,工件坐标 wobj2 计算结果如图 4-62 所示。

图 4-62　wobj2 三点法计算结果

单击【确定】,返回工件数据列表窗口。

■ **步骤 2**　在 wobjdata 窗口,选中 wobj1,如图 4-63 所示。

单击【编辑】,单击【更改声明】,在数据声明窗口,单击【名称】栏右侧的【…】按钮,将名称改为 wobj1a,单击【确定】,再单击【确定】,返回 wobjdata 数据列表,如图 4-64 所示。

■ **步骤 3**　用相同的方法,将 wobj2 的名称改为 wobj1,再将 wobj1a 的名称改为 wobj2。这样,将两个工件坐标系便更换了名称。如图 4-65 所示。

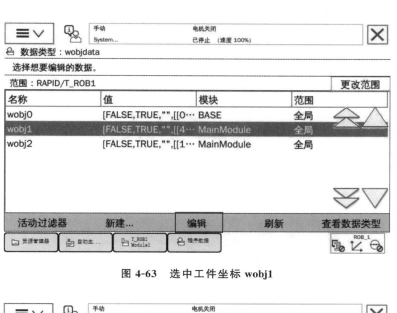

图 4-63　选中工件坐标 wobj1

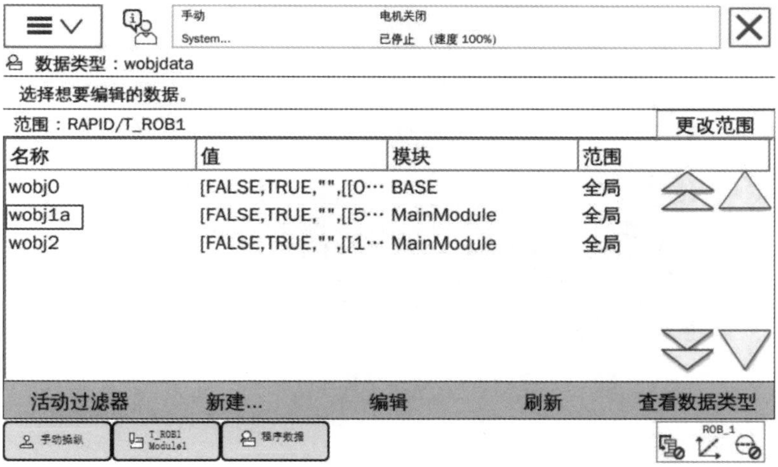

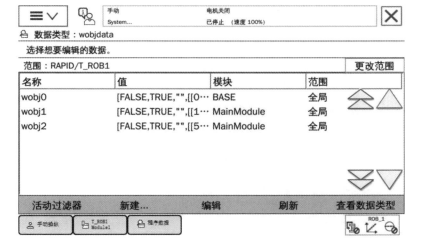

图 4-64　wobj1 修改为 wobj1a

图 4-65　更改 wobj1 和 wob j2 的名称

步骤 4   打开例行程序 Routine1(),单击【调试】,选择【PP 移至例行程序】,选择【Routine1()】,单击【确定】。

步骤 5   按住示教器侧面使能按键不放,等屏幕显示电机上电,按一下启动程序按键
,机器人从该程序第一行一直运行到最后一行结束。观察机器人在平面上的运动轨迹。

3.任务 3

1)任务 3 要求

在工件坐标系练习场景中,让机器人工具末端点沿着斜面和平面上矩形轨迹交替运行。要求:工具坐标系用 tool1。如图 4-66 所示。

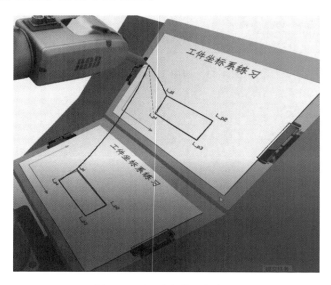

图 4-66   矩形交替运行轨迹

2)任务 3 操作步骤

步骤 1   将任务 2 中 wobj1 的名称改为 wobjx。如图 4-67 所示。

图 4-67   将 wobj1 改为 wobjx

◀ 图 4-66   矩形交替运行动画

将任务 2 中 wobj2 的名称改为 wobjy。如图 4-68 所示。

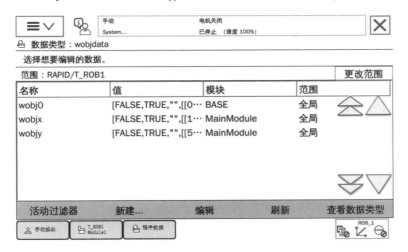

图 4-68　将 wobj2 改为 wobjy

步骤 2　选择程序 main() 中的【〈SMT〉】，单击【添加指令】，如图 4-69 所示。

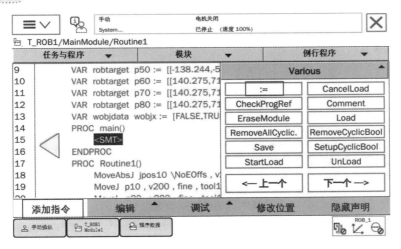

图 4-69　编辑 main() 程序

单击赋值指令【 := 】，将其插入表达式窗口，如图 4-70 所示。

步骤 3　单击【更改数据类型】，选择【wobjdata】，如图 4-71 所示。

单击【确定】，返回赋值指令窗口，wobjdata 类型已有变量为 wobj0、wobjx、wobjy 等。

单击【新建】，设置变量名称为【wobj1】，其余不变。单击【确定】，如图 4-72 所示。

步骤 4　选中赋值指令左侧【〈VAR〉】，单击【wobj1】；选中赋值指令右侧【〈EXP〉】，单击【wobjx】，则表达式变为【wobj1:=wobjx】，如图 4-73(a) 所示。

单击【确定】，该指令被添加到程序中。

步骤 5　单击【添加指令】，单击【ProcCall】，调用子程序 Routine1()，如图 4-73(b) 所示。

步骤 6　用相似的方法，添加赋值指令【wobj1:=wobjy】，如图 4-74 所示。

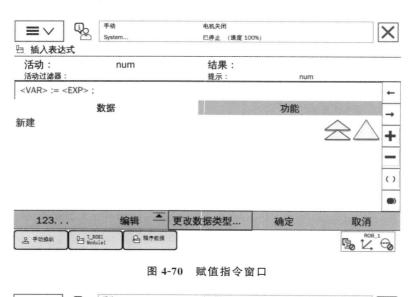

图 4-70　赋值指令窗口

图 4-71　更改数据类型窗口

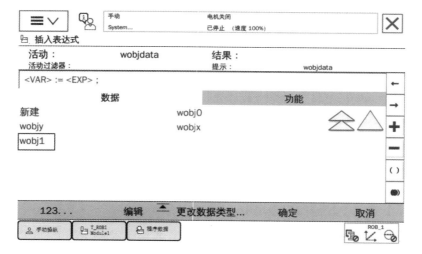

图 4-72　创建工件坐标 wobj1

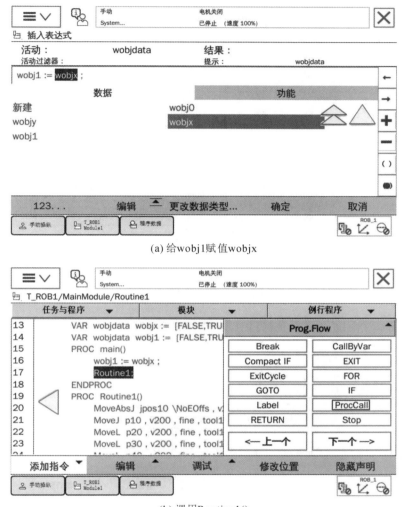

(a) 给wobj1赋值wobjx

(b) 调用Routine1()

图 4-73 赋值并调用子程序

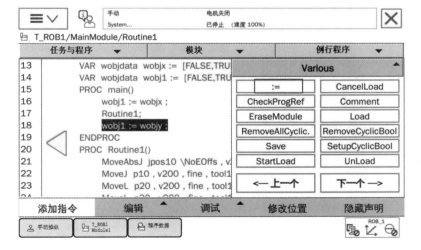

图 4-74 给 wobj1 赋值 wobjy

步骤 7 再调用子程序 Routine1(),如图 4-75 所示。

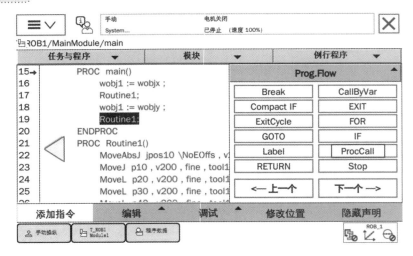

图 4-75 二次调用 Routine1()

步骤 8 单击【调试】,选择【PP 移至 Main】,如图 4-76 所示。

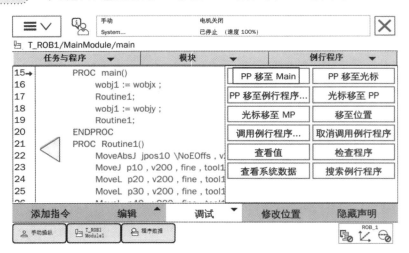

图 4-76 调试 Main()程序

运行该程序,观察机器人是否沿着斜面和平面上矩形交替运动。

4.4 运动指令及应用

4.4.1 指令简介

运动指令是机器人实现在空间中运动位置及路径的程序格式。运动轨迹有三种:空间点、直线和圆弧。而实现这些运动轨迹的指令有四种,分别介绍如下。

1. MoveAbsJ

MoveAbsJ 指令中机器人的最终位置,既不受工具或者工作对象的影响,也不受激活程序更换的影响。绝对关节移动用来把机器人或者外部轴移动到一个绝对位置,绝对位置是指机器人的运动使用系统中所有轴角度值来定义目标位置。绝对位置运动与关节运动的路径规划相似。

机器人要用到这些数据来计算负载、TCP 速度和转角点。相同的工具可以被用在相邻的运动指令中。

由于 MoveAbsJ 指令具有不关联坐标系动作的特性,常用于机器人回到特定(如机械零点)的位置或者一个初始状态。

例如:

```
MoveAbsJ p50, v1000, z50, tool2;
```

该指令表示机器人携带工具 tool2 沿着非线性路径到绝对轴位置 p50,速度 v1000,转弯半径 z50。

2. MoveJ

关节动作是将机器人移动到指定位置的基本的移动方法。关节运动指令 MoveJ 是在对路径精度要求不高的情况下,机器人的工具中心点 TCP 从一个位置移动到另一个位置,两个位置之间的路径不一定是直线,而是由机器人自己规划的一条路径,适用于较大范围的运动,不进行轨迹控制和姿势控制。如图 4-77 所示。

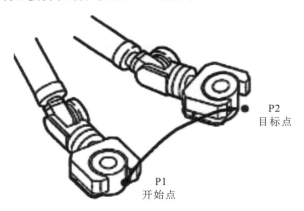

图 4-77 MoveJ 指令

工作时,机器人沿着所有轴同时加速,在示教速度下移动,同时减速后停止。移动轨迹通常为非线性。关节移动速度的单位,以相对最大移动速度的百分比来描述。

其优点是不容易到达机器人的轴极限位置或奇异点。该指令只能用在主任务 T_ROB1 中,或者在多运动系统中的运动任务中。

例如:

```
MoveJ p1, v200, z30, tool2;
```

该指令表示工具 tool2 的 TCP 沿着一个非线性路径到达位置 p1,速度 v200,转弯半径 z30。

3. MoveL

线性运动 MoveL 是指机器人的 TCP 从起点到终点之间的路径始终保持为直线,对移动中的工具姿势进行轨迹控制和姿势控制。MoveL 用来让机器人 TCP 直线运动到给定的目标位置。如图 4-78 所示。

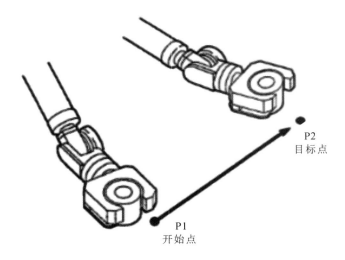

图 4-78　MoveL 指令

当 TCP 仍旧固定的时候,该指令也可以用于重新给工具确定方向。

其优点是可以用在焊接、涂胶等应用对路径要求高的场合。需要注意的是,空间直线距离不宜太远,否则容易到达机器人的轴限位或死点。

该指令只能用在主任务 T_ROB1,或者多运动系统的运动任务中。

例如:

```
MoveL p1, v1000, z10, tool2;
```

该指令表示机器人携带工具 Tool2 沿直线运动到位置 p1,速度为 v1000,转弯半径为 z10。

4. MoveC

圆弧路径是在机器人可到达的空间范围内定义三个位置点,第一个点是圆弧的起点,第二个点用于圆弧的曲率控制,第三个点是圆弧的终点。在一个指令中对经由点和目标点进行示教时,将开始点、经由点、目标点的姿势进行分割后对移动中的工具姿势进行控制。如图 4-79 所示。

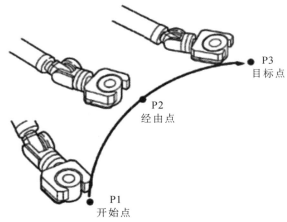

图 4-79　MoveC 指令

该指令用来让机器人沿圆周运动到一个给定的目标点。在运动过程中,相对圆的方向通常保持不变。

该指令只能在主任务 T_ROB1 中使用,以及在多运动系统中的运动任务中使用。

例如:怎么用两个 MoveC 指令画一个完整的圆? 如图 4-80 所示。

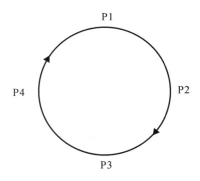

图 4-80 整圆轨迹

参考程序如下:

```
MoveL p1,v500, fine,tool1;
MoveC p2,p3,v200,fine,tool1;
MoveC p4,p1,v200,fine,tool1;
```

4.4.2 矩形轨迹

1. 任务要求

在【运动指令-S】场景中,以工作台上矩形(p1→p2→p7→p6→p1)为例,将机器人从初始位置点 pHome 关节运动到点 p1,再线性运动到点 p2、p7、p6 后返回 p1,再返回初始位置后结束。如图 4-81 所示。

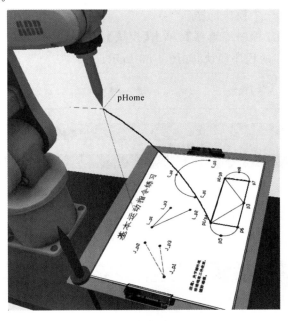

图 4-81 矩形轨迹

图 4-81 矩形动画 ▶

在 T_ROB1 任务下,新建一个名为 guiji 的程序模块,在该模块下创建一个名为 juxing 的例行程序,工具坐标用 tool1。

2. 操作步骤

步骤 1 打开 ROBOTMANAGER 软件,选择【入门应用场景】→【运动指令练习-S】,机器人模型选择【ABB_IRB120】,控制柜选择【ABB】,将机器人模式调为手动,如图 4-82 所示。

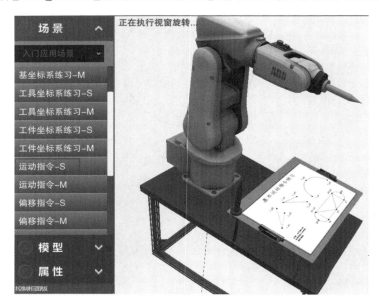

图 4-82 运动指令-S 场景

步骤 2 在示教器中,新建一个 tooldata 类型变量,命名为 tool1(若已有 tool1,先删除后新建),采用直接输入法,其中(x,y,z)=(0,0,130);mass=1。

步骤 3 新建一个模块程序。

在主菜单窗口,单击【程序编辑器】,单击【模块】,在模块窗口中,选择【文件】→【新建模块】,新建一个名为 guiji 的程序模块,如图 4-83 所示。

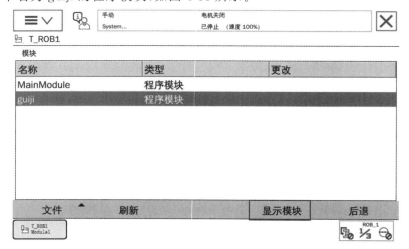

图 4-83 新建 guiji 模块

在新建之前，可以选择【删除模块】，删除系统中除 MainModule 模块外的所有程序模块。

步骤 4   新建一个例行程序。

选中 guiji 模块，单击【显示模块】，再单击左下角文件，新建一个名为 juxing()的例行程序，如图 4-84 所示。

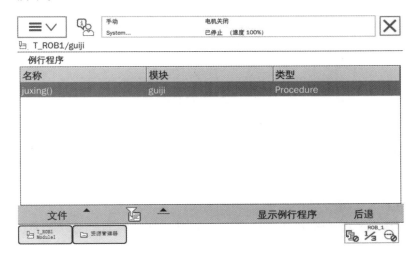

图 4-84　新建 juxing()程序

步骤 5   在手动操纵窗口，选择【动作模式】为【线性】，选择【坐标系】为【工具坐标系】，设置【工具坐标系】为【tool1】。

步骤 6   机器人移动到初始点位置，选中 juxing()中的【<SMT>】，单击【添加指令】，如图 4-85 所示。

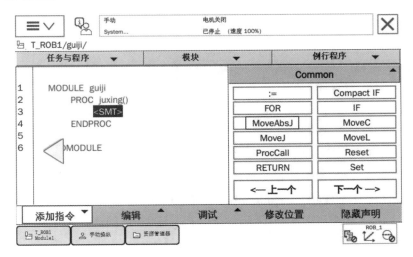

图 4-85　编辑 juxing()程序

单击【MoveAbsJ】，则一行 MoveAbsJ 被添加到例行程序 juxing()中。该行代码用于机器人初始复位。

（1）双击 * 号（如果不好选中，可适当放大字体），进入关节位置 jointtarget 窗口。

（2）单击【新建】，将名称改为【pHome】，如图 4-86 所示。

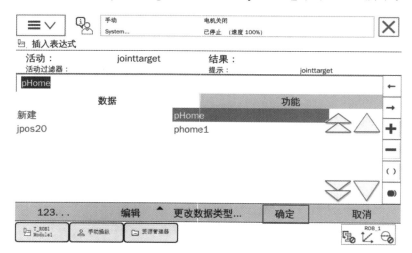

图 4-86　新建位置 pHome

单击【确定】完成设置。

（3）再单击【确定】，返回 jointtarget 窗口，选中【pHome】，如图 4-87 所示。

图 4-87　选中 pHome 数据

单击【确定】，返回程序编辑窗口。如图 4-88 所示。

步骤 7　修改程序中的相关参数。

（1）双击速度【v1000】，在 speeddata 窗口，选择【v200】，如图 4-89 所示。单击【确定】按钮。系统会自动记录选择的速度，后续添加新的指令速度时，默认为 v200。

（2）双击转弯半径【z50】，在 zonedata 窗口，选择【fine】，如图 4-90 所示。单击【确定】按钮。系统会自动记录选择的转弯半径，后续添加新指令转弯半径，默认为【fine】。

图 4-88　juxing()第一行指令

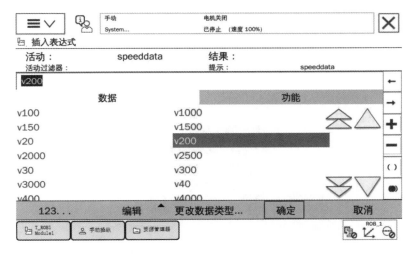

图 4-89　修改速度为 v200

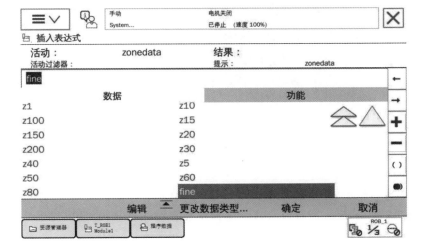

图 4-90　修改转弯半径为 fine

指令修改完成后,结果如图 4-91 所示。

图 4-91　修改 juxing( )的第一行指令

步骤 8　示教矩形第一点 p1。

操纵机器人运动到工作台上 p1 点,如图 4-92 所示。

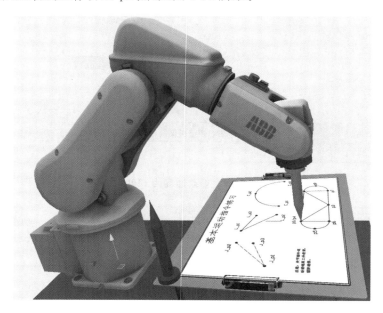

图 4-92　矩形第一点 p1

在 juxing( )程序中,选中 ENDPROC 上一行程序,单击【添加指令】,选择【MoveJ】,弹出【是否需要在当前选定的项目之上或之下插入指令?】提示框。选择【下方】,一个 MoveJ 指令被写到程序中,如图 4-93 所示。

双击 * ,进入 robtarget 窗口,单击【新建】,将位置命名为 p10。单击【确定】,再单击【确定】,返回程序编辑窗口。

步骤 9　示教矩形第二点 p2。

图 4-93　矩形第一点 p1 指令

　　操纵机器人运动到工作台上 p2 点，如图 4-94 所示。选中 ENDPROC 上一行程序，单击
【添加指令】，选择【MoveL】，矩形第二行指令插入到程序中。位置变量名称会自动按规律改
变。记录的位置为添加指令时，TCP 点在当前工件坐标系下的位置和姿态。

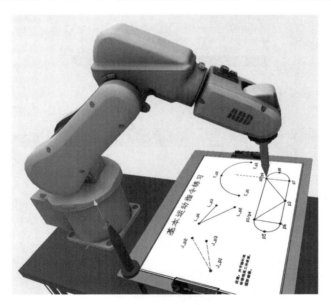

图 4-94　矩形第二点 p2

步骤 10　示教矩形第三点 p7。

操纵机器人运动到工作台上 p7 点，如图 4-95 所示。

插入一条 MoveL 指令，如图 4-96 所示。

步骤 11　示教矩形第四点 p6。

操纵机器人运动到工作台上 p6 点，如图 4-97 所示。

插入一条 MoveL 指令，矩形第四点指令插入到程序中。

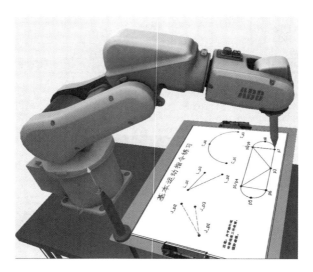

图 4-95　矩形第三点 p7

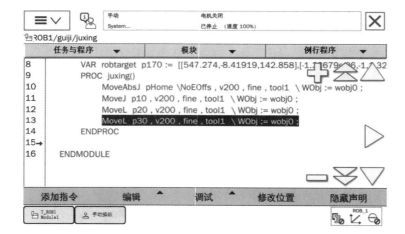

图 4-96　矩形第三点 p7 指令

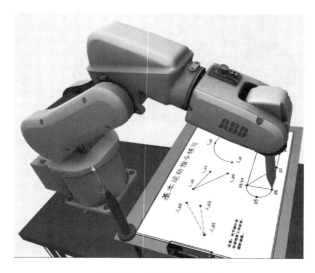

图 4-97　矩形第四点 p6

步骤 12 回到矩形起点 p1。

直接插入一条新指令,通过修改指令中的位置变量名称,选择之前矩形第一点指令位置 p10,单击【确定】。如图 4-98 所示。

图 4-98 回到矩形第一点 p1 指令

步骤 13 回到初始位置 pHome。

在 juxing()程序中,选中【MoveAbsJ】指令,选择【编辑】→【复制】,再选中 ENDPROC 上一行程序,单击【粘贴】,如图 4-99 所示。

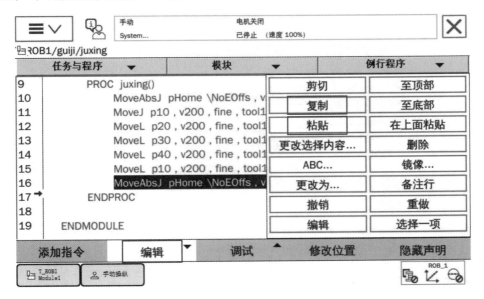

图 4-99 回到初始位置 pHome 指令

完成后,juxing()程序如图 4-100 所示。

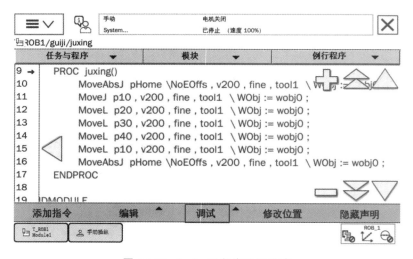

图 4-100　juxing()程序设置完成

3.手动连续运行

步骤 1　在程序编辑界面，单击【调试】，单击【PP 移至例行程序】，选择要运行的例行程序 juxing，如图 4-101 所示。单击【确定】。

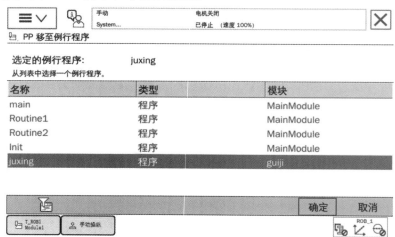

图 4-101　调试 juxing()程序

步骤 2　按住使能按键不放，再单击运行按键，juxing()程序开始从第一行指令执行到 ENDPROC 结束。

4.手动单步运行

步骤 1　在程序编辑界面，单击【调试】，将指针移到 juxing()第一行。

步骤 2　按住使能按键不放，再单击下一步按键，程序将单步执行下一条指令，如单击上一步按键，程序将单步执行上一条指令。

4.4.3 圆弧轨迹

1. 任务要求

在【运动指令-S】场景中，以几何图形中的半圆弧形（p1→p6→p5→p1）为例，将机器人从初始位置点 pHome 处关节运动到点 p1，再线性移动到点 p6，移动到圆弧中间点 p5、圆弧终点 p1，再返回初始位置后结束。如图 4-102 所示。

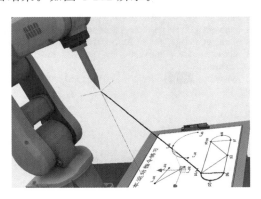

图 4-102　半圆弧轨迹

在 T_ROB1 任务下，新建一个名称为 guiji 的程序模块，在该模块下创建一个名称为 banyuan() 的例行程序，工具坐标用 tool1。

2. 操作步骤

■ **步骤 1**　打开 ROBOTMANAGER 软件，选择【入门应用场景】→【运动指令练习-S】，机器人模型选择【ABB_IRB120】，控制柜选择【ABB】，将机器人模式调为手动。

■ **步骤 2**　在主菜单中，单击【手动操纵】，在手动操纵窗口，选择动作模式为【线性】，选择【坐标系】为【工具坐标系】，选择【工具坐标系】为【tool1】。

■ **步骤 3**　单击【程序编辑器】，单击【模块】，选中 guiji 模块，单击【显示模块】，再单击左下角的【文件】，新建一个例行程序 banyuan()，如图 4-103 所示。

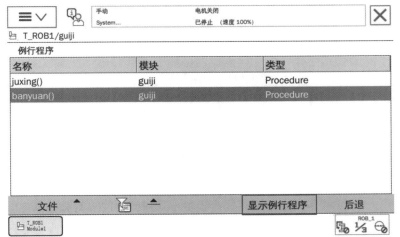

图 4-103　新建 banyuan() 程序

图 4-102　半圆弧动画 ▶

步骤 4　单击【显示例行程序】,在程序编辑窗口,单击 banyuan()中的【〈SMT〉】。

步骤 5　机器人移动到初始点位置,单击【添加指令】,弹出【Common】对话框,单击【MoveAbsJ】,插入一行指令,将 ＊ 改为 pHome。如图 4-104 所示。

图 4-104　修改位置 pHome

步骤 6　操纵机器人运动到工作台上的 p1 点,如图 4-105 所示。

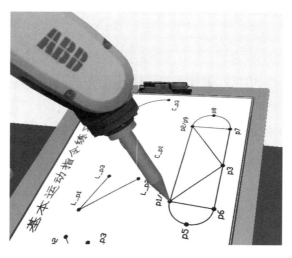

图 4-105　半圆弧第一点 p1

单击【添加指令】,单击【MoveJ】,在下方插入第二行指令。该指令用于将机器人末端移动到 p1 点。双击 ＊ ,单击【新建】按钮,修改名称为 p10,如图 4-106 所示。

步骤 7　操纵机器人运动到工作台上的 p6 点,如图 4-107 所示。

插入第三行指令 MoveL,如图 4-108 所示。

步骤 8　操纵机器人运动到工作台上的 p5(圆弧中间点),如图 4-109 所示。

插入第四条指令 MoveC,再双击 MoveC 指令中的【P40】,将其修改为 P10(圆弧起点)。如图 4-110 所示。

图 4-106　半圆弧第一点 p1 指令

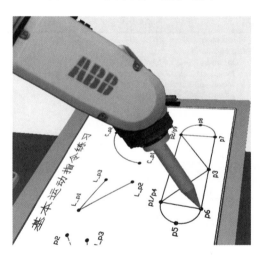

图 4-107　半圆弧第二点 p6

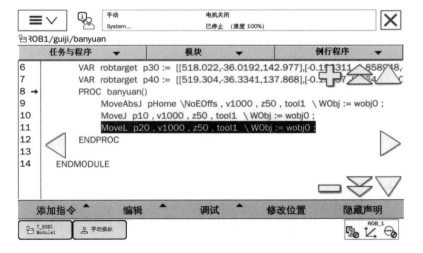

图 4-108　半圆弧第二点 p6 指令

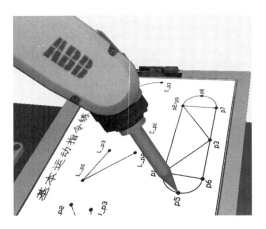

图 4-109　半圆弧第三点 p5

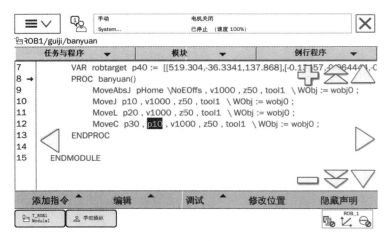

图 4-110　半圆弧第三点 p5 指令

步骤 9　选中 MoveAbsJ 指令，选择【编辑】→【复制】，再单击选中 ENDPROC 的上一行程序，单击【粘贴】。该指令表示机器人回到初始点位置。

步骤 10　banyuan() 完整程序如图 4-111 所示。

图 4-111　banyuan() 完整程序

如果需要,可以修改速度等参数。

步骤 11　单击【调试】,单击【PP 移至例行程序】,选择 banyuan 程序,如图 4-112 所示。

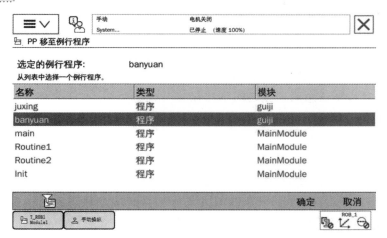

图 4-112　调试 banyuan 程序

单击【确定】按钮。

步骤 12　按住使能按键不放,再单击运行按键 ,运行 banyuan 程序,观察机器人运行是否正常。

4.5　偏移/循环指令的应用

◆ 4.5.1　矩形轨迹应用

1. 任务要求

在偏移指令练习场景中,机器人末端沿着工作台上矩形 p1→p2→p3→p4 运动一周,已知图中工作台上各网格之间距离为 50 mm,如图 4-113 所示。

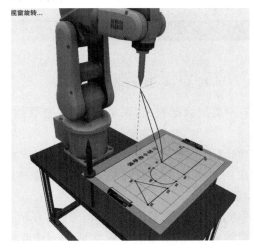

图 4-113　偏移矩形轨迹

图 4-113　偏移矩形动画 ▶

常规编程方法是示教矩形 p1、p2、p3、p4 四个点,若使用偏移指令,则只需要示教一个点,编程效率得到了大幅提升。

2. 背景知识

1) 偏移指令 Offs

偏移指令 Offs 使用时,不仅需要知道点与点之间的距离,还要可以分解到坐标系 X、Y、Z 轴上。例如,我们网格上建立如图 4-113 所示的工件坐标系,则矩形在平面 OXY 上,四个顶点 Z 轴坐标一样,则任意两顶点之间不存在 Z 方向分量,X 方向分量和 Y 方向分量从网格上也很容易得到。

此外,MoveAbsJ 是关节角度,无法使用偏移功能;MoveJ、MoveL、MoveC 都可以使用偏移功能。例如:

```
MoveL Offs(p10,0,10,- 20),v200,z50,tool1\wobj:= wobj1
```

表示机器人携带工具 tool1 以直线的方式将工具末端点移动到工件坐标系 wobj1 下 p10 位置的 X 轴不变、Y 轴+10,Z 轴−20 对应的点,机器人姿态保持和 p10 一样(偏移值单位为 mm)。

2) jointtarget 记录点删除

选中 main()程序,单击【显示例行程序】,删除 main()中的所有语句,但是会发现之前程序记录的点位置依然存在。如果需要删除之前所有记录的点位置,具体步骤如下。

(1) 在主菜单窗口,单击【程序数据】,显示数据类型列表,如图 4-114 所示。

图 4-114　jointtarget 数据类型

(2) 若窗口显示的是某一类型数据列表,则单击下方【查看数据类型】,可返回数据类型窗口。

(3) 选中 jointtarget,单击【显示数据】,显示所有关节空间位置类型的变量,选中要删除的变量,单击【编辑】,在弹出的对话框中,选择【删除】,则删除选中的 jointtarget 类型变量(如 MoveAbsJ 对应的点位置)。

(4) 采用与(1)相同的方法,显示数据类型窗口。选中 robtarget,单击【显示数据】,显示所有笛卡尔空间位置类型的变量,选中要删除的变量,单击【编辑】,在弹出对话框中,选择【删除】,则删除选中的 robtarget 类型变量(如 MoveJ、MoveL、MoveC 对应的点位置)。

3. 操作步骤

步骤 1　　打开示教器,打开 ROBOTMANAGER 软件,选择【入门应用场景】→【偏移指令练习-S】,选择机器人【ABB_IRB120】,将机器人模式调为手动。

步骤 2　　在主菜单中窗口,单击【程序数据】,选择 tooldata,单击【显示数据】,新建一个工具坐标 tool1,其中设置 x,y,z 的值分别为 0,0,130;设置 mass=1,其余参数保持默认值。单击【确定】按钮。

步骤 3　　单击【查看数据类型】,返回数据类型窗口,选择 wobjdata,单击【显示数据】,新建一个工件坐标 wobjpy,单击【确定】,如图 4-115 所示。

图 4-115　新建工件坐标 wobjpy

选中 wobjpy,选择【编辑】→【定义】,用三点法确定该工件坐标参数,如图 4-116 所示。

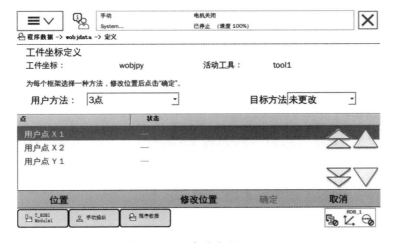

图 4-116　三点法定义 wobjpy

wobjpy 工件坐标计算结果,如图 4-117 所示。

wobjpy 工件坐标创建完成,如图 4-118 所示。

步骤 4　　在主菜单中,单击【手动操纵】,【工具坐标】选择【tool1】,【工件坐标】选择【wobjpy】,单击【确定】。

图 4-117　工件坐标 wobjpy 计算结果

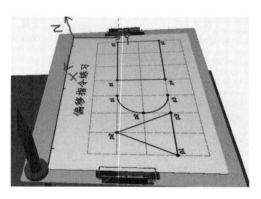

图 4-118　设定 wobjpy 工件坐标系

步骤 5　在主菜单中，单击【程序编辑器】，单击【例行程序】，新建一个例行程序 RoutinePY()，单击【确定】，如图 4-119 所示。

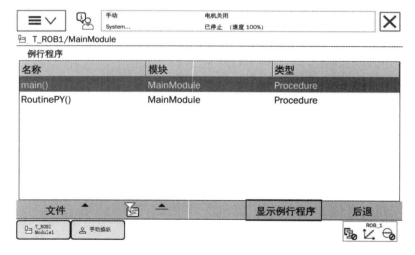

图 4-119　新建 RoutinePY()

步骤 6　选中 RoutinePY() 程序，单击【显示例行程序】，选中〈SMT〉。

步骤 7　机器人运动到原点位置，单击【添加指令】，在第 1 行添加 MoveAbsJ 指令，双击位置变量 ∗，将变量名称改为 pHome，如图 4-120 所示。

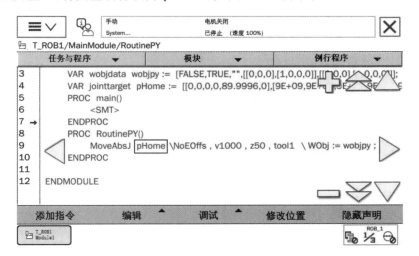

图 4-120　添加 RoutinePY() 第一行指令

步骤 8　操纵机器人运动到工作台矩形第一点 p1，如图 4-121 所示。

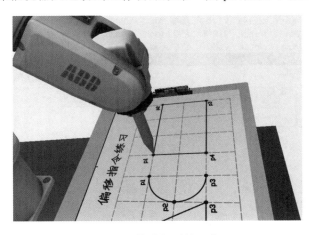

图 4-121　偏移矩形第一点 p1

单击【添加指令】，添加 MoveL 指令，双击 ∗，将变量名称改为 pBase，如图 4-122 所示。

步骤 9　选中第 2 行指令，选择【编辑】→【复制】，选中第 2 行指令，单击【粘贴】，共粘贴 4 行新指令，如图 4-123 所示。

步骤 10　第 3 行指令的作用是让机器人运动到工作台上矩形第二点 p2。修改第 3 行指令，p2 位置相对于 p1 是沿 X 轴向负方向移动了 150mm，沿 Y 轴移动 0mm，偏移值为 Offs(pBase,−150,0,0)。

（1）双击第 3 行的 pBase，进入 robtarget 变量窗口，单击【功能】，选择【Offs】，如图 4-124 所示。

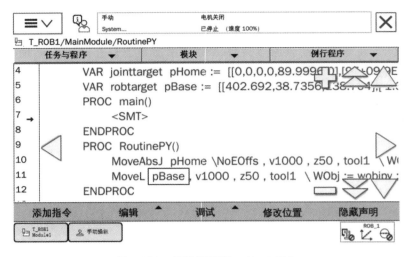

图 4-122　偏移矩形第一点 p1 指令

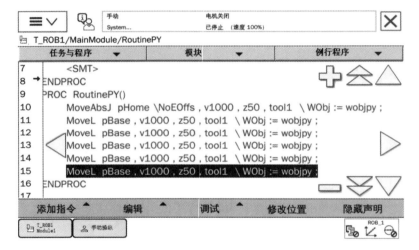

图 4-123　复制偏移矩形指令

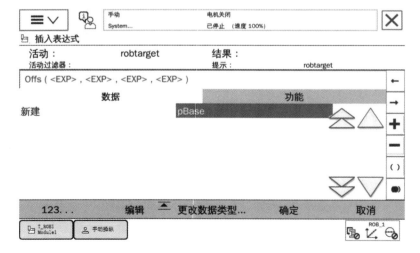

图 4-124　偏移指令窗口

（2）选中第一个变量【〈EXP〉】，单击【pBase】，第一个变量替换为 pBase。

（3）选中第二个变量【〈EXP〉】，单击左下角【123…】按钮，打开数字输入框，第二个变量输入"－150"，如图 4-125 所示。

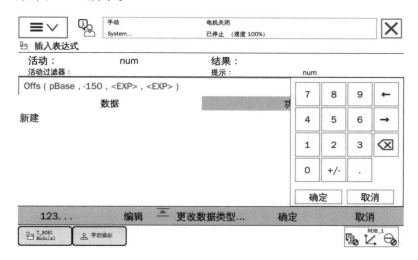

图 4-125　沿 X 轴负方向偏移 150 mm

（4）用相同的方法输入第三个变量、第四个变量，数值都为 0，如图 4-126 所示。

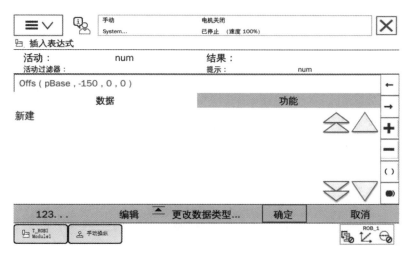

图 4-126　沿 Y、Z 方向都偏移 0 mm

（5）单击【确定】，返回上一窗口，该偏移指令被输入 RoutinePY()程序中，如图 4-127 所示。

步骤 11　第 4 行程序是让机器人运动到工作台上矩形第三点 p3。修改第 4 行指令，p3 位置相对于 p1，是沿 X 轴负方向移动了 150 mm，沿 Y 轴正方向移动了 100 mm，偏移为 Offs(pBase，－150，100，0)，其做法参考步骤 10。如图 4-128 所示。

单击【确定】。

步骤 12　第 5 行程序是让机器人运动到工作台上矩形第四点 p4。修改第 5 行指令，p4 位置相对于 p1，是沿 X 轴方向移动 0mm，沿 Y 轴正方向移动 100，偏移为 Offs(pBase，0，100，0)，其做法参考步骤 10。如图 4-129 所示。

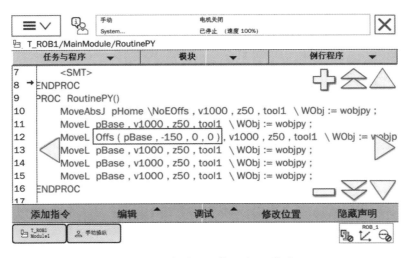

图 4-127　偏移矩形第二点 p2 指令

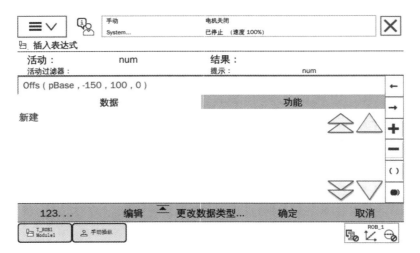

图 4-128　沿 X 轴负方向偏移 150mm 且沿 Y 轴正方向偏移 100 mm

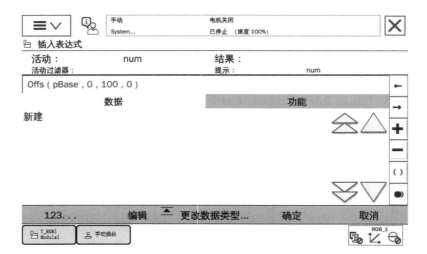

图 4-129　沿 Y 轴正方向偏移 100 mm

单击【确定】。

步骤 13 第 6 行程序是让机器人回到点 p1，不需要修改。

步骤 14 选中第 1 行指令，选择【编辑】→【复制】，选中 ENDPROC 的上一行指令，单击【粘贴】，复制第 1 行程序粘贴到最后一行，让机器人回到初始位置 pHome，如图 4-130 所示。

图 4-130　回到 pHome 指令

步骤 15 将程序中所有的转弯半径 Z50，改为 fine，如图 4-131 所示。

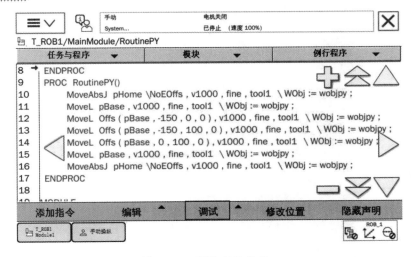

图 4-131　修改 Z50 为 fine

步骤 16 单击【调试】，单击【PP 移至例行程序】，如图 4-132 所示。

步骤 17 选择 RoutinePY()，单击【确定】。再按住侧面使能按键不放，按下运行键，运行该程序，观察轨迹是否正确。

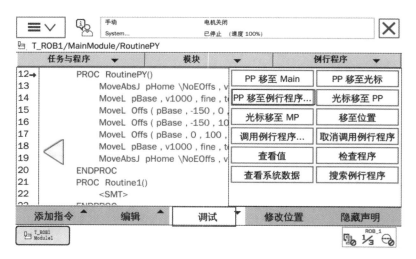

图 4-132 调试 RoutinePY() 程序

4.5.2 三角形/半圆弧循环应用

1. 任务要求

在偏移指令练习场景中，机器人每个工作周期内，沿着工作台上三角形 p1→p2→p3 运动一次，绕着半圆弧 p1→p2→p3 运动两次。如图 4-133 所示。

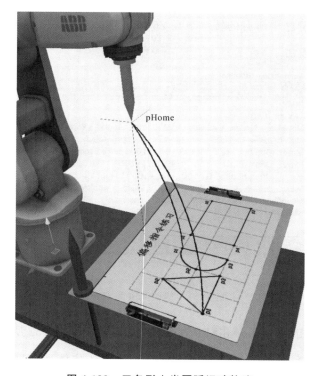

图 4-133 三角形＋半圆弧运动轨迹

2. 操作步骤

步骤 1 打开 ROBOTMANAGER 软件,选择【入门应用场景】→【偏移指令练习-S】,选择机器人【ABB_IRB120】,将机器人模式调为手动。

步骤 2 在 T_ROB 任务中,新建一个 MainModule 程序模块。在 MainModule 模块中新建几个例行程序,名称分别为 main()、Routine1()、Routine2()和 Init(),如图 4-134 所示。

名称	模块	类型
main()	MainModule	Procedure
Routine1()	MainModule	Procedure
Routine2()	MainModule	Procedure
Init()	MainModule	Procedure

图 4-134 新建几个例行程序

步骤 3 在主菜单中,单击【手动操纵】,【工具坐标】选择【tool1】,【工件坐标】选择【wobjpy】,单击【确定】。

步骤 4 编写 Routine1()子程序,让机器人沿着三角形运动,如图 4-135 所示。

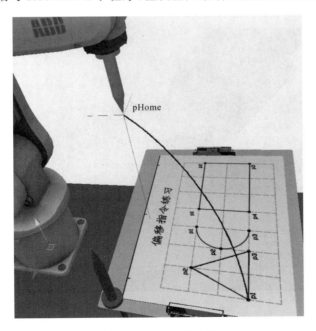

图 4-135 三角形轨迹

图 4-135 三角形动画 ▶

（1）在主菜单中，单击【程序编辑器】，单击【例行程序】，选择 Routine1()，单击【显示例行程序】，单击【〈SMT〉】。

（2）机器人移至初始位置点 pHome，单击【添加指令】，单击【MoveAbsJ】，插入第一行指令，将位置数据 * 改成 pHome。

（3）在线性模式下，机器人移动到工作台三角形第一点 p1，如图 4-136 所示。

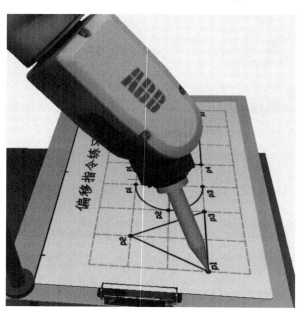

图 4-136　三角形第一点 p1

单击【添加指令】，单击【MoveJ】，插入第二行指令。

（4）机器人移动到工作台三角形第二点 p2，如图 4-137 所示。

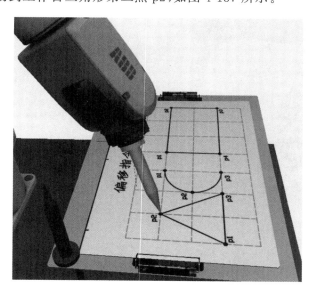

图 4-137　三角形第二点 p2

单击【添加指令】，插入第三行指令 MoveL，方法同上。

（5）机器人移动到工作台三角形第三点 p3，如图 4-138 所示。

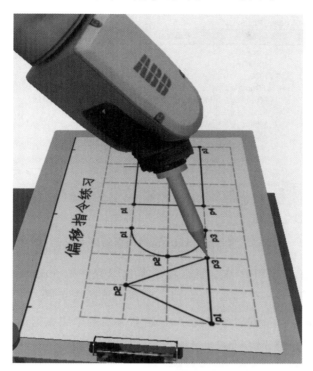

图 4-138　三角形第三点 p3

单击【添加指令】，插入第四行指令 MoveL。

（6）直接插入任意一条新指令 MoveL，如图 4-139 所示。

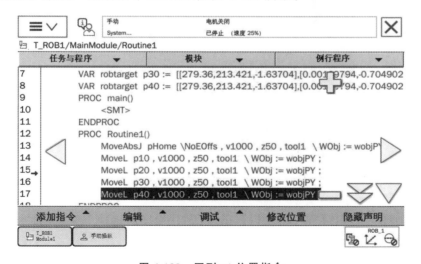

图 4-139　回到 p1 位置指令

（7）双击数据【p40】，选择之前 p1 点位置数据 p10，单击【确定】。

（8）选中程序 Routine1()第一行指令，选择【编辑】→【复制】，选中 ENDPROC 的上一行指令，单击【粘贴】，复制第一行程序粘贴到最后一行，该行程序让机器人回到初始位置。

（9）三角形 Routine1()完整程序，如图 4-140 所示。

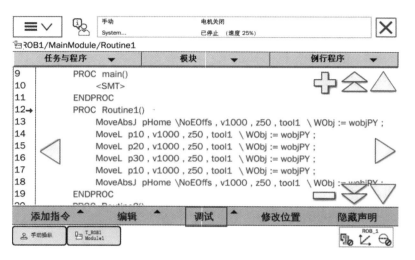

图 4-140　Routine1()完整程序

（10）单击【调试】，单击【PP 移至例行程序】，选择程序 Routine1，单击【确定】。按住侧面使能按键不放，再按 PLAY 键，运行该程序，观察轨迹是否正确。

步骤 5　编写 Routine2()子程序，让机器人沿着半圆弧运动。如图 4-141 所示。

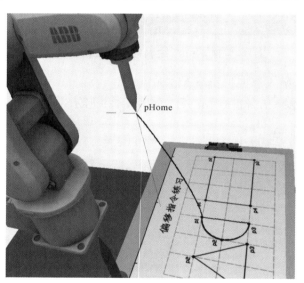

图 4-141　半圆弧轨迹

（1）在主菜单中，单击【程序编辑器】，单击【例行程序】，选择 Routine2()，单击【显示例行程序】，单击【〈SMT〉】。

（2）机器人移至初始位置点 pHome，单击【添加指令】，单击【MoveAbsJ】，添加第一行指令。

（3）机器人移动到工作台半圆弧第一点 p1，如图 4-142 所示。

单击【添加指令】，单击【MoveJ】，插入第二行指令。如图 4-143 所示。

（4）机器人移动到工作台半圆弧第二点 p2，如图 4-144 所示。

单击【添加指令】，插入第三行指令 MoveC，方法同上。

◀图 4-141　半圆弧动画

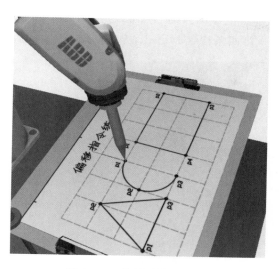

图 4-142   半圆弧第一点 p1

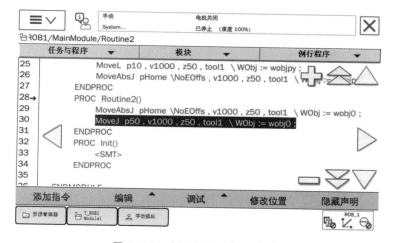

图 4-143   半圆弧第一点 p1 指令

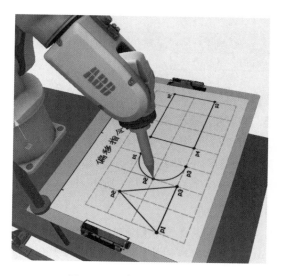

图 4-144   半圆弧第二点 p2

（5）机器人移动到工作台上半圆弧第三点 p3，如图 4-145 所示。

单击【添加指令】，插入第四条指令 MoveL，方法同上。

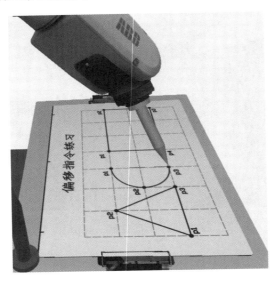

图 4-145　半圆弧第三点 p3

（6）双击 MoveC 指令中位置数据【p70】，将其修改为 p80，单击【确定】。如图 4-146 所示。

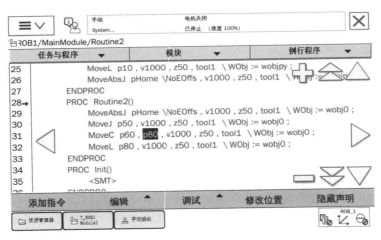

图 4-146　修改 MoveC 结束点位置

（7）单击【添加指令】，直接插入第五条指令 MoveL，将位置改成 p50，如图 4-147 所示。

（8）选中 Routine2()程序第 1 行指令，选择【编辑】→【复制】，选中 ENDPROC 的上一行指令，单击【粘贴】，复制第 1 行程序，粘贴到最后一行，该指令让机器人回到初始位置。

（9）半圆弧 Routine2()完整程序，如图 4-148 所示。

■ 步骤 6　编写 Init()子程序。

（1）打开 Init()程序，单击【〈SMT〉】，单击【添加指令】，添加一赋值指令，如图 4-149 所示。

（2）创建一个变量 cnt（用来计数），初始化为 0，如图 4-150 所示。

单击【确定】，如图 4-151 所示。

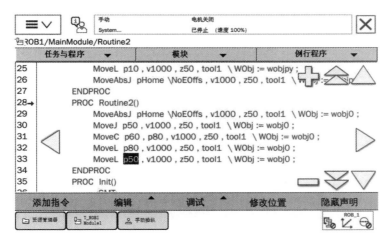

图 4-147　回到半圆弧第一点 p1 指令

图 4-148　Routine2（）完整程序

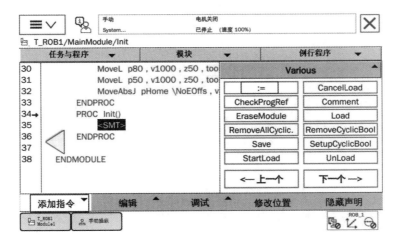

图 4-149　添加赋值指令

步骤 7　编写 main（）程序。

（1）打开 main（）程序，单击【〈SMT〉】，单击【添加指令】，选择【ProCall】，如图 4-152 所示。

图 4-150　cnt 变量表达式

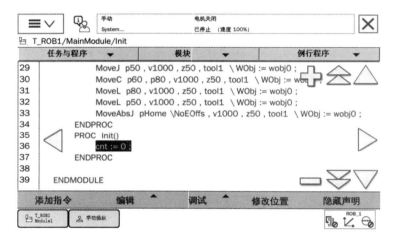

图 4-151　cnt 赋值为 0

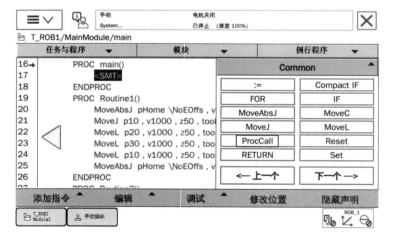

图 4-152　添加 ProCall

（2）在窗口选择【Init】，如图 4-153 所示。

图 4-153　调用 Init

单击【确定】。

（3）在程序 main（）第 2 行，添加指令 WHILE，如图 4-154 所示。

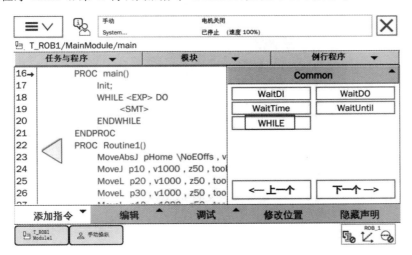

图 4-154　添加 WHILE

（4）双击【〈EXP〉】，在插入表达式窗口，选【TRUE】，如图 4-155 所示。

单击【确定】，返回程序编辑窗口。

（5）选中 WHILE 中【〈SMT〉】，添加指令 ProCall，选择 Routine1（），如图 4-156 所示。

（6）添加 FOR 指令，如图 4-157 所示。该指令用来运行半圆弧轨迹两次，即 FOR a FROM 0 TO 1。

再调用 Routine2，如图 4-158 所示。

（7）添加一个运算指令 cnt 用来计数，如图 4-159 所示。

（8）main（）完整程序，如图 4-160 所示。

（9）调试运行 main（）程序，观察机器人是否按照任务指定的要求运动。

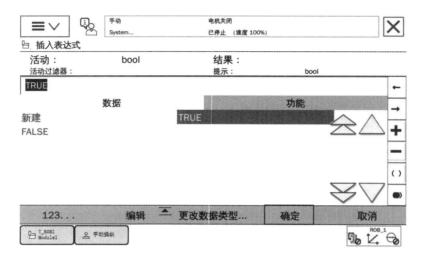

图 4-155　选择 TRUE

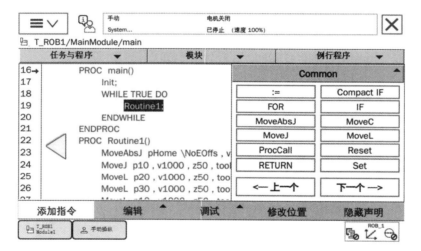

图 4-156　调用 Routine1

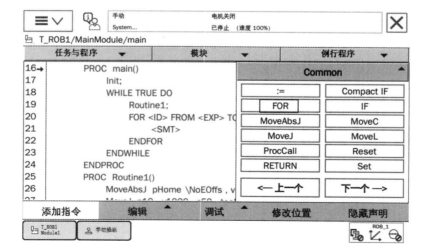

图 4-157　添 加 FOR

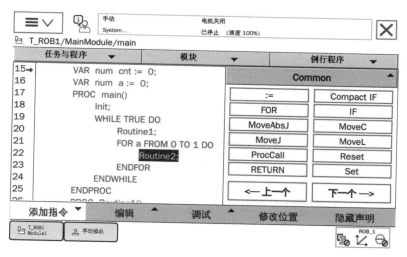

图 4-158　调用 Routine2

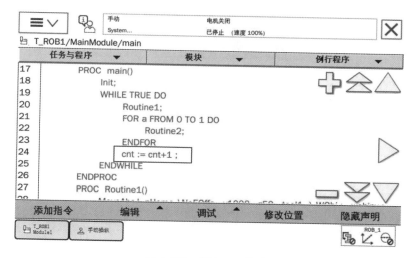

图 4-159　添加 cnt 指令

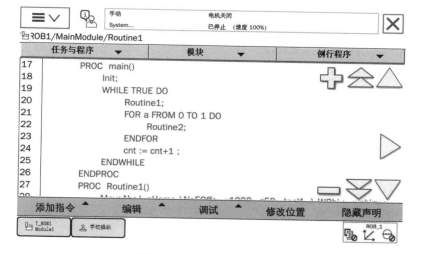

图 4-160　main()完整程序

◆ **4.5.3 三角形自动循环应用**

1. 任务要求

在偏移指令练习场景中,机器人在自动模式下,绕着三角形 p1→p2→p3→p1 运动 4 个周期,完成后自动停下(运行到 Stop 指令,机器人停止运动)。如图 4-161 所示。

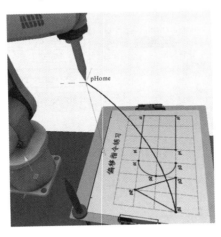

图 4-161　三角形循环轨迹

2. 操作步骤

步骤 1　打开 ROBOTMANAGER 软件,选择【入门应用场景】→【偏移指令练习-S】,选择机器人【ABB_IRB120】,将机器人模式调为手动。

步骤 2　在主菜单中,单击【程序编辑器】,单击【例行程序】,选择 main()程序。

步骤 3　单击【显示例行程序】,单击【添加指令】,在【Common】对话框中,选择【FOR】指令。

步骤 4　双击 ID,在输入面板中,输入 a,单击【确定】,返回程序编辑窗口,如图4-162所示。

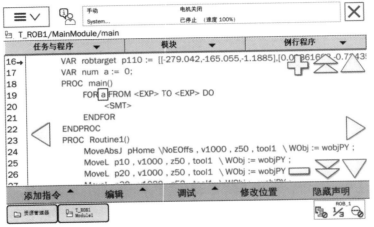

图 4-162　添加参数 a

◀ 图 4-161　三角形循环动画

步骤 5　单击 FROM 后的【〈EXP〉】,单击左下角【123…】,输入 0,单击【确定】,如图 4-163 所示。

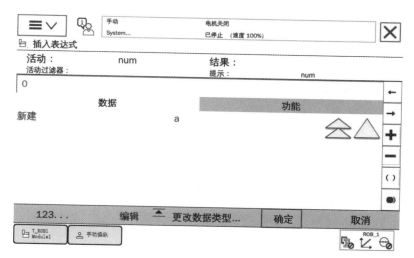

图 4-163　输入数值 0

单击【确定】,返回程序编辑窗口。

步骤 6　单击 TO 后的【〈EXP〉】,单击左下角【123…】,输入 3,单击【确定】。再单击【确定】,返回程序编辑窗口。

步骤 7　在 FOR 下的【〈SMT〉】位置调用子程序 Routine1()。

单击【添加指令】,单击【ProcCall】,选择【Routine1】,单击【确定】,如图 4-164 所示。

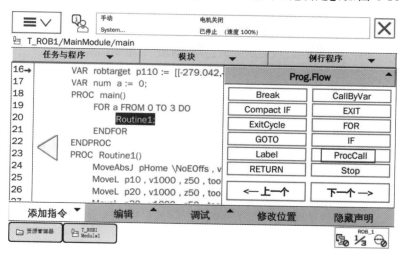

图 4-164　调用 Routine1

再单击【确定】,返回程序编辑窗口。

步骤 8　选中 FOR 指令,单击【添加指令】,单击【Stop】,如图 4-165 所示。将其添加在 FOR 下方。完成该程序编程。

步骤 9　在控制面板上,单击自动运行按钮 。

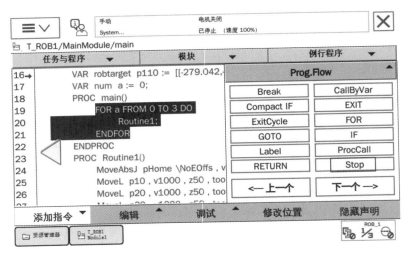

图 4-165　添加 Stop 指令

在示教器窗口,会弹出警告对话框,如图 4-166 所示。

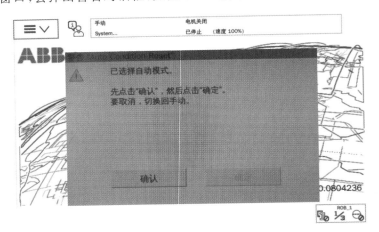

图 4-166　自动模式

先单击【确认】,再单击【确定】,进入自动运行窗口。

在自动模式下运行该程序,观察机器人是否运行 4 个周期后自动停止。

第5章 ABB 机器人基础应用场景

学习要点
- 数字量 I/O 的配置。
- 七巧板搬运场景。

5.1 数字量 I/O 的配置

1. 任务要求

I/O 配置是机器人进行通信、设置工具等必须进行的操作。ABB 机器人在配置数字量 I/O 信号时必须包含以下几个部分：① 信号名称；② 信号类型，即输入还是输出；③ 模块名称，即该信号是在哪个模块上进行通信的；④ 地址，即该信号占用了模块的哪个信号点。

本任务以配置 4 个输入数字量和 4 个输出数字量信号为例，进行讲解。

2. 操作步骤

步骤 1 打开 ABB 示教器，打开 ROBOTMANAGER 软件，选择【入门应用场景】→【运动指令-S】，模型选【ABB_IRB120】，控制柜选择【ABB】，机器人模式调为手动。

步骤 2 添加 DeviceNet Device。

(1) 在主菜单中，单击【控制面板】，如图 5-1 所示。

(2) 单击【配置】，打开 I/O System 窗口，如图 5-2 所示。

(3) 选择【DeviceNet Device】，单击【显示全部】，进入 DeviceNet Device 窗口，如图 5-3 所示。若列表中已经存在 d562，先删除 d562。

(4) 单击【添加】，在添加窗口中，【使用来自模板的值：】选择【DSQC 652 24 VDC I/O Device】。如果在其他机器人上进行设置，应选择相应的主板型号。【Name】选择【d652】。为了方便维护，应尽量选择与 device 名称一样，如图 5-4 所示。

(5) 单击【确定】，返回 DeviceNet Device 窗口。单击【后退】，返回 I/O System 窗口。

步骤 3 配置数字量输入/输出 Signal。

(1) 在 I/O System 窗口，选择【Signal】，单击【显示全部】，如图 5-5 所示。

查看其中是否有 do0、do1、do2、do3、di0、di1、di2、di3。若有，删除以上各项。

图 5-1　控制面板窗口

图 5-2　I/O System 窗口

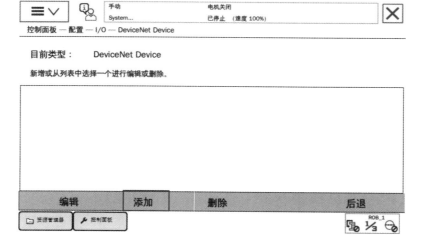

图 5-3　DeviceNet Device 窗口

图 5-4　添加模板

图 5-5　Signal 窗口

（2）单击【添加】，在添加窗口中，【Name】对应的值设置为【di0】（双击输入）；【Type of signa】对应的值设置为【DigtalInput】；【Assigned to Device】对应的值设置为【d652】；【Device Mapping】对应的值设置为【0】。如图 5-6 所示。

图 5-6　设置 Signal 参数

单击【确定】,返回 Signal 窗口,在窗口列表中可以查看 di0。

 注意:

   名称应尽量统一规范,名称 di 表示数字量输入,do 表示数字量输出。di0 表示数字量输入地址映射为 0,di1 表示输入地址映射为 1,依次类推。如此命名可方便后期维护使用。

(3) 重复步骤(2),继续添加 3 个数字量输入,名称分别为 di1、di2、di3。映射地址分别为 1、2、3。如图 5-7 所示。

图 5-7   设置 di1

di 信号设置完成后,如图 5-8 所示。

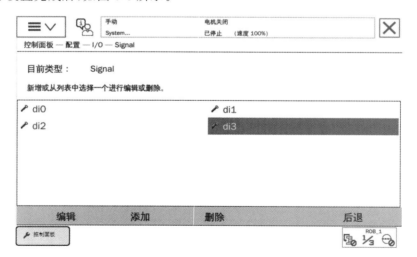

图 5-8   设置 di 信号

(4) 重复步骤(2),继续添加 4 个数字量输出,名称分别为 do0、do1、do2、do3。【Type of signal】对应的值设置为 Digital Output;映射地址分别为 0、1、2、3。如图 5-9 所示。

完成后,如图 5-10 所示。

■ 步骤 4   数字量 I/O 状态查看和设定。

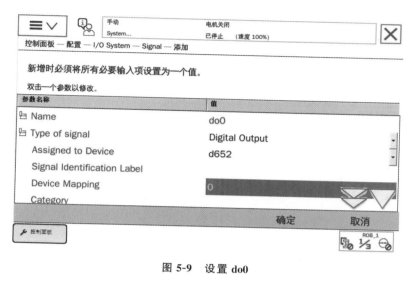

图 5-9　设置 do0

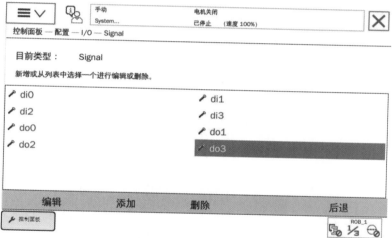

图 5-10　设置 do 信号

（1）在主菜单中，单击【输入输出】，在输入输出窗口，单击右下角视图，如图 5-11 所示。

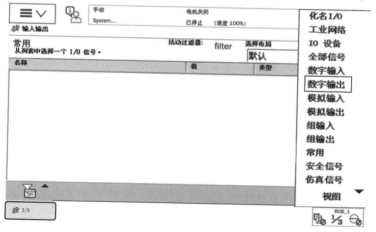

图 5-11　视图列表

（2）单击【数字输出】，窗口显示 do0、do1、do2、do3 及其状态。

选中 do0，在【值】栏中可选择 0 或 1。通过选择这两个值，可以选择数字输出 do0 的状态，如图 5-12 所示。

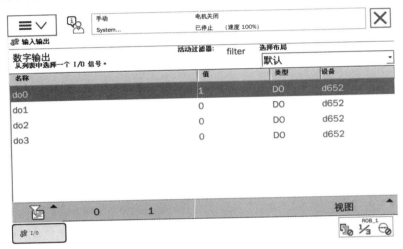

图 5-12　数字输出窗口

（3）在 ROBOTMANAGER 软件中，勾选【IO 模拟仿真】。模拟输出端口信号的变化，如图 5-13 所示。

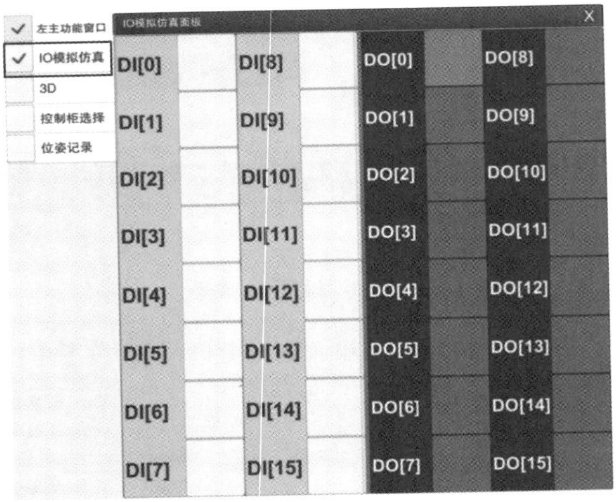

图 5-13　模拟输出端信号 do

如图 5-13 所示，do1 输出值为 1。其他输出状态切换方法相似。

（4）在图 5-11 中的视图列表中，选择【数字输入】，可以观察当前数字输入信号的状态，如图5-14 所示。

（5）在 IO 模拟仿真面板，模拟输入端口信号的变化，如图 5-15 所示。

单击 di 对应的按钮，切换输入信号的状态，观察示教器中 di0、di1、di2、di3 信号的变化。

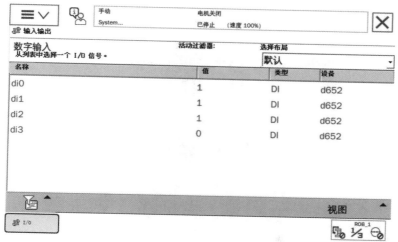

图 5-14 数字输入窗口

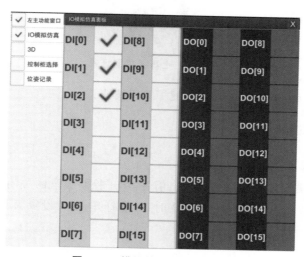

图 5-15 模拟输入端口信号 di

5.2 搬运(拼图)应用

◆ 5.2.1 任务说明

七巧板是一种古老的智力玩具,它变化多端,可以拼成许多图形。七巧板可以作为玩具,使人获得快乐;也可以作为教学用具,帮助教师教导学生几何知识;还可以作为工具,锻炼和培养人的多种能力。

七巧板拼图由七块不同形状的板组成,完整图案为一正方形。其中,包含五块等腰直角三角形(两块小等腰直角三角形、一块中等腰直角三角形和两块大等腰直角三角形)、一块正方形和一块平行四边形。

选择【基础应用场景】→【拼图 S】,在其中的练习中,工作台上面板 A 上有七种不同形状和颜色的物料,工作台面板 B 上七个凹槽分别与面板 A 上七块物料相对应,但位置摆放得整齐、紧凑。

本任务要求操纵机器人将面板 A 的上七块物料分别搬运到面板 B 上对应的凹槽内,达到拼图效果。如图 5-16 所示。

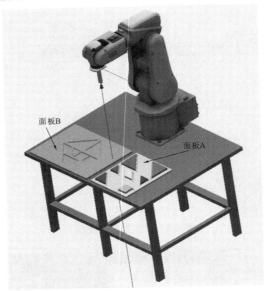

图 5-16 七巧板拼图场景

本任务适合学员练习机器人搬运、装配等编程技能。

◆ 5.2.2 背景知识

吸盘 I/O 信号配置

本任务中,吸盘需要配置 1 个数字输出信号,用于控制吸盘的关闭和打开。吸盘信号源接到机器人输出地址 1 上,当端口设置为 1 时,吸盘打开;端口设置为 0 时,吸盘关闭。具体操作步骤如下。

步骤 1 在主菜单中,单击【控制面板】,选择【配置】,选择【DeviceNet Device】,单击【显示全部】。若已经存在 d652,则跳过步骤 2,也可以删除 d652 后再添加。

步骤 2 若不存在 d652,如图 5-17 所示。

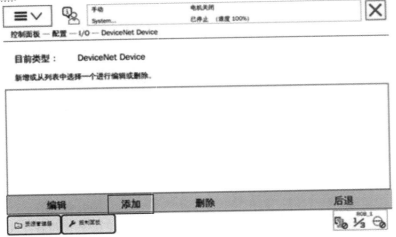

图 5-17 DeviceNet Device 窗口

单击【添加】，其中，【使用来自模板的值：】选择【DSQC 652 24 VDC I/O Device】，【Name】的值设置为 d652，其他参数使用默认值。如图 5-18 所示。

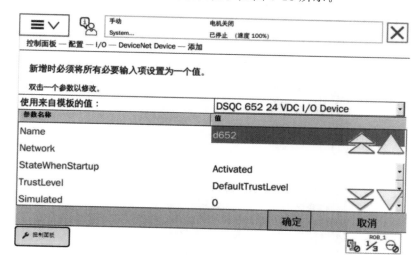

图 5-18   添加 d652

单击【确定】，返回 DeviceNet Device 窗口。

步骤 3   单击【后退】，返回 I/O System 窗口。选择【Signal】，单击【显示全部】，在 Signal 窗口，单击【添加】，新建 1 个数字量输出，参数如表 5-1 所示。

表 5-1   do1 参数表

名称	Type of signal	Assigned to device	Device Mapping
do1	Digital Output	d652	1

do1 新建完成后，如图 5-19 所示。

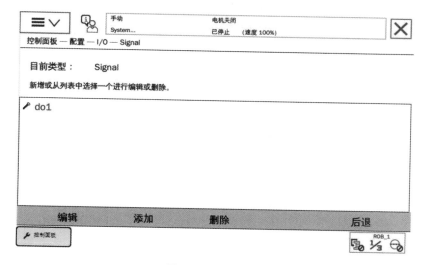

图 5-19   新建 do1

◆ **5.2.3　任务实施**

1. ROBBOTMANAGER 软件设置

打开 ROBBOTMANAGER 软件,选择【基础应用场景】→【拼图 S】,机器人模型选择【ABB_IRB120】。如图 5-20 所示。

图 5-20　搬运(七巧板拼图)

2. 程序创建

■ **步骤 1**　新建一个空任务。

在主菜中,单击【程序编辑器】,单击【任务与程序】,选择【文件】→【新建程序】,新建一个程序(名称使用默认值)。

■ **步骤 2**　单击【显示模块】,新建的程序中没有的模块。选择【文件】→【新建模块】,新建一个 MainModule 模块。

■ **步骤 3**　单击【显示模块】,窗口已存在一个 main()例行程序。

选择【文件】→【新建例行程序】,新建一个名为 Routine1()例行程序,如图 5-21 所示。

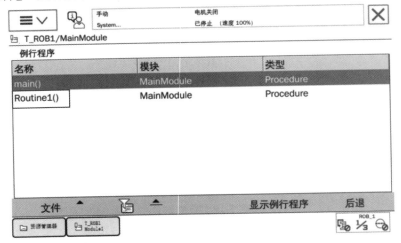

图 5-21　新建 Routine1()程序

3. 设置工具数据 tooldata

步骤 1　　在主菜单中,单击【程序数据】,选择【tooldata】,如图 5-22 所示。

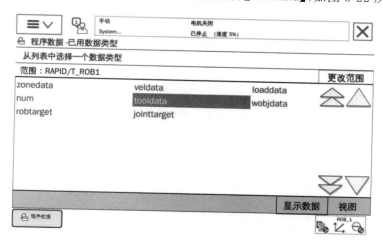

图 5-22　tooldata 数据

步骤 2　　单击【显示数据】,系统默认 tool0。

单击【新建】,设置名称为 tool1,单击【确定】。选择 tool1,单击【编辑】,选择【更改值】,设置工具坐标 tool1 的相关参数为[TRUE,[[0,0,128],[1,0,0,0]],[1,[0,0,0],[1,0,0,0],0,0,0]]。如图 5-23 所示。

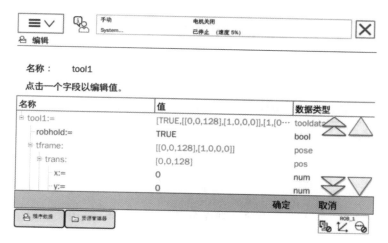

图 5-23　编辑工具坐标 tool1

4. 编写例行程序 Routine1()

打开例行程序 Routine1(),搬运一块七巧板(绿色)。其中,phome 是机器人初始位置,设置 phome 各关节位置值为[0,0,0,0,90,0],p50 是七巧板搬运公共位置,p10,p20,p30 等是各示教点。如图 5-24 所示。

步骤 1　　选择 Routine1()中的【〈SMT〉】,机器人运动到初始点位置,添加指令 MoveAbsJ,新建程序点位置 phome。在主菜单中,单击【手动操纵】,观察右上角【位置】栏中机器人各轴的角度数值,如图 5-25 所示。

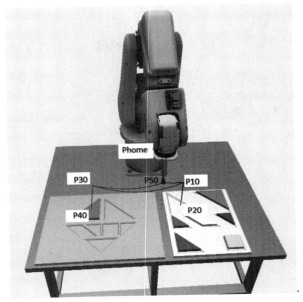

图 5-24　搬运绿色板轨迹

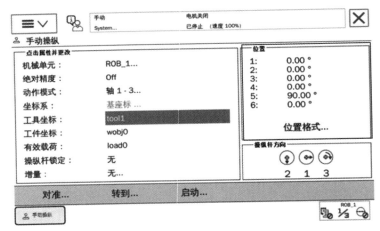

图 5-25　phome 位置

步骤 2　机器人从 phome 点移动到 p50 公共点,采用关节指令 MoveJ。

步骤 3　机器人从 p50 点移动到绿色板上方 p10 点,采用关节指令 MoveJ。

步骤 4　机器人从 p10 点移动到绿色板表面 p20 点,采用直线指令 MoveL。

步骤 5　绿色板在 p20 点被吸盘吸住,采用置位指令 Set,并延时 1s。

步骤 6　机器人带着绿色板从 p20 点移动到 p10 点,采用直线指令 MoveL。

步骤 7　机器人带着绿色板从 p10 点移动到 p30 点,采用关节指令 MoveJ。

步骤 8　机器人带着绿色板从 p30 点移动到 p40 点,采用直线指令 MoveL。

步骤 9　绿色板在 p40 点被吸盘松开,采用复位指令 Reset,并延时 1s。

步骤 10　机器人空载从 p40 点移动到 p30 点,采用直线指令 MoveL。

◀ 图 5-24　搬运绿色板动画

步骤 11 机器人空载从 p40 点移动到 p50 点，采用关节指令 MoveJ。

步骤 12 绿色板搬运的完整程序，如图 5-26 所示。

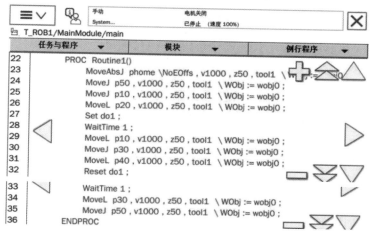

图 5-26　绿色板搬运程序

5. 编写子程序 Routine2()

新建一个例行程序 Routine2()，搬运第二块七巧板（白色）。如图 5-27 所示。

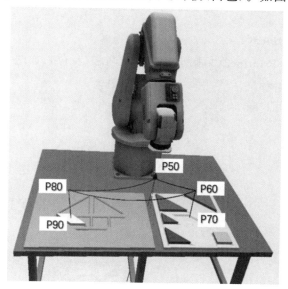

图 5-27　搬运白色板轨迹

步骤 1 选择 Routine2() 中的【〈SMT〉】。

步骤 2 机器人从 p50 点移动到白色板上方 p60 点，采用关节指令 MoveJ。

步骤 3 机器人从 p60 点移动到白色板表面 p70 点，采用直线指令 MoveL。

步骤 4 白色板在 p70 点被吸盘吸住，采用置位指令 Set，并延时 1s。

步骤 5 机器人带着白色板从 p70 点移动到 p60 点，采用直线指令 MoveL。

步骤 6 机器人带着白色板从 p60 点移动到 p80 点，采用关节指令 MoveJ。

图 5-27　搬运白色板动画 ▶

步骤 7 机器人带着白色板从 p80 点移动到 p90 点,采用直线指令 MoveL。

步骤 8 白色板在 p90 点被吸盘松开,采用复位指令 Reset,并延时 1s。

步骤 9 机器人空载从 p90 点移动到 p80 点,采用直线指令 MoveL。

步骤 10 机器人空载从 p80 点移动到 p50 点,采用关节指令 MoveJ。

步骤 11 白色板完整的搬运程序,如图 5-28 所示。

图 5-28 白色板搬运程序

6. 编写子程序 Routine3()

新建一个例行程序 Routine3(),搬运第三块七巧板(黄色),如图 5-29 所示。

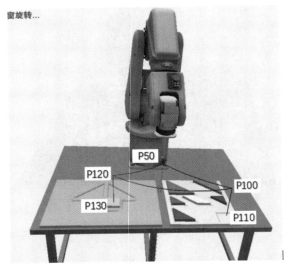

图 5-29 搬运黄色板轨迹

步骤 1 选择 Routine3() 中的【〈SMT〉】。

步骤 2 机器人从 p50 点移动到黄色板上方 p100 点,采用关节指令 MoveJ。

步骤 3 机器人从 p100 点移动到黄色板表面 p110 点,采用直线指令 MoveL。

步骤 4 黄色板在 p110 点被吸盘吸住,采用置位指令 Set,并延时 1s。

◀ 图 5-29 搬运黄色板动画

步骤 5 机器人带着黄色板从 p110 点移动到 p100 点，采用直线指令 MoveL。

步骤 6 机器人带着黄色板从 p100 点移动到 p120 点，采用关节指令 MoveJ。

步骤 7 机器人带着黄色板从 p120 点移动到 p130 点，采用直线指令 MoveL。

步骤 8 黄色板在 p130 点被吸盘松开，采用复位指令 Reset，并延时 1s。

步骤 9 机器人空载从 p130 点移动到 p120 点，采用直线指令 MoveL。

步骤 10 机器人空载从 p120 点移动到 p50 点，采用关节指令 MoveJ。

步骤 11 黄色板完整的搬运程序，如图 5-30 所示。

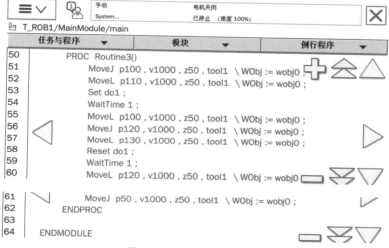

图 5-30　黄色板搬运程序

7. 编写程序 main()

步骤 1 打开程序 main()，将七巧板中已编程的三块板按顺序进行搬运。如图 5-31 所示。

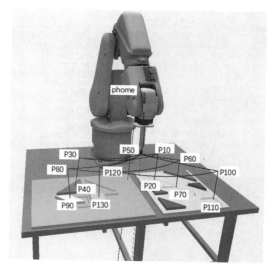

图 5-31　搬运三块板轨迹

图 5-31　搬运三块板动画 ▶

（1）单击 main() 中的【〈SMT〉】，添加指令 ProcCall，选择 Routine1，如图 5-32 所示。

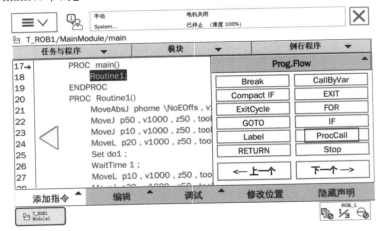

图 5-32　调用 Routine1

（2）多次添加指令 ProcCall，将 Routine1、Routine2、Routine3 按顺序放置在主程序中。如图 5-33 所示。

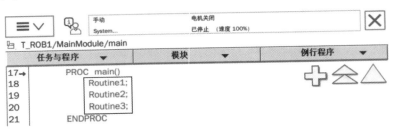

图 5-33　调用 Routine2 和 Routine3

步骤 2　运行程序。

选择【调试】→【PP 移至 Main】，如图 5-34 所示。

图 5-34　调试 Main 程序

单击【确定】，按住使能按键不放，再按下 PLAY 键，观察机器人搬运七巧板的运动轨迹。

第 **6** 章   ABB 机器人工作站

学习要点

- 工作站简介。
- 工作站工具及动作程序。
- 工作站通用程序。
- 工作站上下料 1 场景。

6.1　工作站简介

◆　6.1.1　工作站场景

1. 打开工作站

选择【场景】→【工作站应用场景】→【HM9-RBT04 工作站】，如图 6-1 所示。

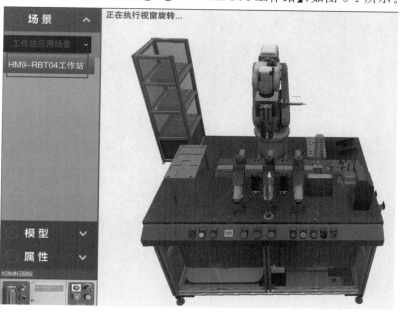

图 6-1　HM9-RBT04 工作站

　　单击工作站中工作台的任意部分,界面左侧【属性】下会出现工作站的各个功能模块。如图 6-2 所示。

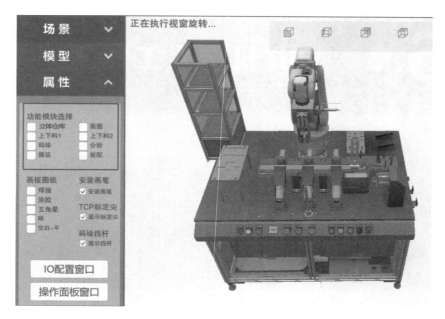

图 6-2　工作站功能模块

　　在【属性】中,可通过勾选来选择各个应用模块。

2. 立体仓库场景

　　在功能模块中,勾选【立体仓库】,工作台的托板上就会出现立体仓库的托板。如图6-3所示。

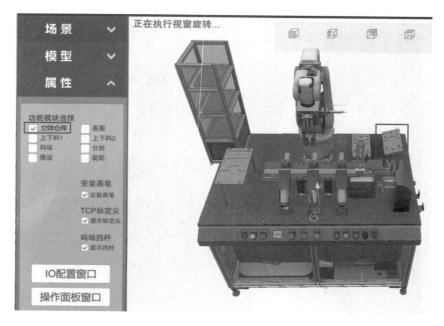

图 6-3　立体仓库场景

3. 画图场景

在功能模块中,勾选【画图】,在工作台右侧会出现画板,如图 6-4 所示。

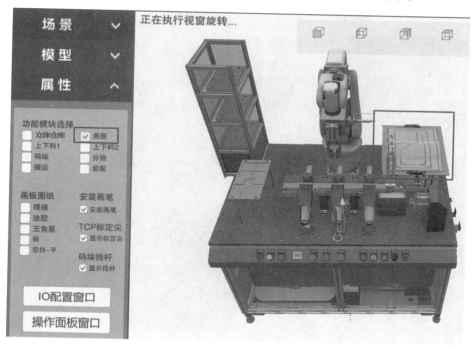

图 6-4　画图场景

【画板图纸】可以在【属性】中勾选。例如,选择【空白-平面】,画板上会出现一个空白的画板图纸。如图 6-5 所示。

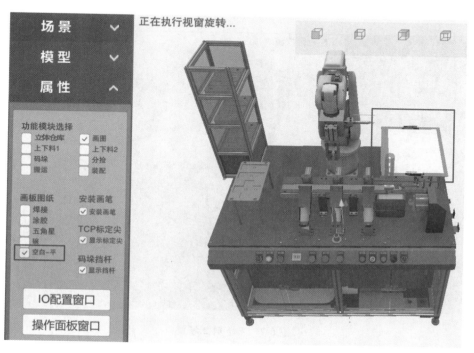

图 6-5　空白-平面图纸

4. 上下料 1 场景

在功能模块中,勾选【上下料 1】,在工作台中,就可以看到出现了料块和托板。如图 6-6 所示。

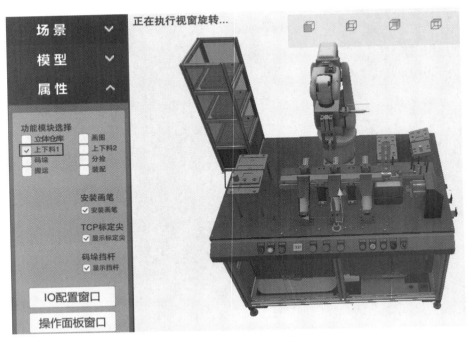

图 6-6　上下料 1 场景

5. 上下料 2 场景

在功能模块中,勾选【上下料 2】,工作台左前方会出现一个托板,如图 6-7 所示。

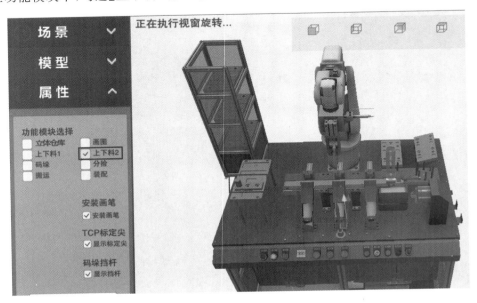

图 6-7　上下料 2 场景

单击工作台上的托板,在左侧属性中,单击一次【添加上下料-料块】,工作台中的托板上会出现上下料 2 所需要的一个料块。如图 6-8 所示。

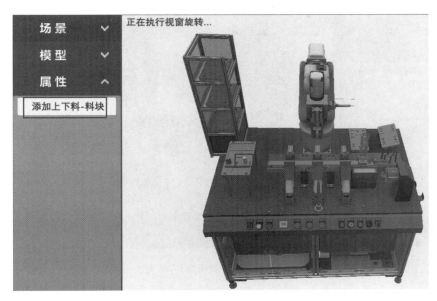

图 6-8　添加上下料 2 料块

6. 码垛

在功能模块中,勾选【码垛】,工作台左前方会出现垛板。如图 6-9 所示。

图 6-9　码垛场景

单击工作台上的垛板后,在左侧属性中,单击一次【添加码垛-料块】,工作台的垛板上会出现一块料块。若需要多块料块,可以单击多次。如图 6-10 所示。

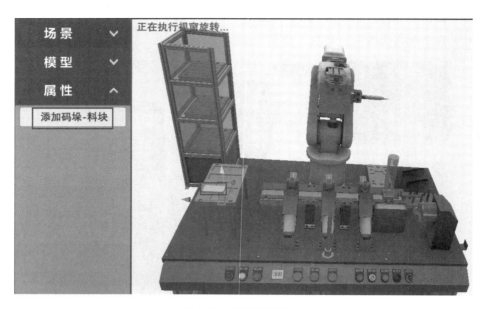

图 6-10　添加码垛料块

7. 分拣

在功能模块中,勾选【分拣】,工作台上会出现分拣所需要的工件和放工件的料板,如图 6-11 所示。

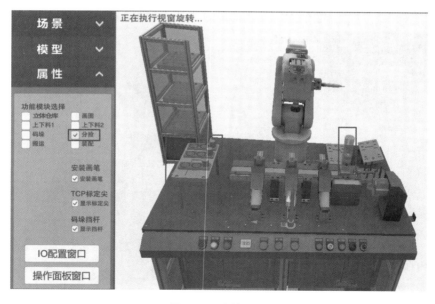

图 6-11　分拣场景

工作时,需要先将示教器调至自动运行模式,分拣模块中井式供料仓物料才会运动,然后再进行分拣编程。

8. 搬运

在功能模块中,勾选【搬运】,工作台上会出现搬运所需要的料块和托板。如图 6-12 所示。

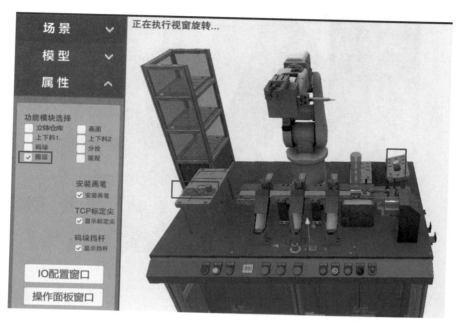

图 6-12　搬运场景

9. 装配

在功能模块中,勾选【装配】,工作台上会出现装配所需要的料块,如图 6-13 所示。

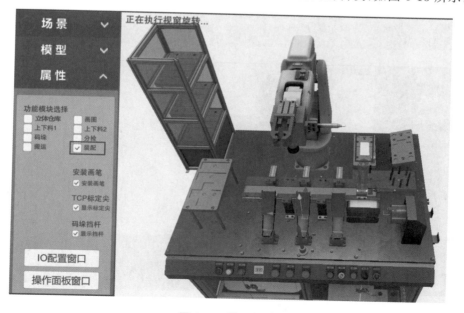

图 6-13　装配场景

该场景可以将平面上的料块在斜面上进行装配。

此外,在左侧属性中,勾选【安装画笔】【TCP 标定尖】和【码垛挡杆】三个选项中的任意一个,工作台上都会出现相应的变化,当前状态为画笔隐藏、标定尖显示、码垛挡杆显示,如图 6-14 所示。

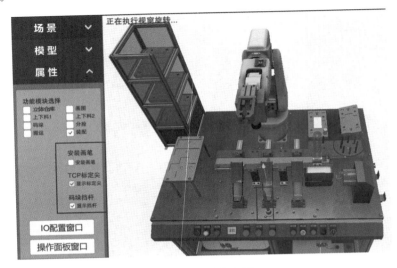

图 6-14 其他设置

6.1.2 ABB 操作面板

1. 操作面板窗口

单击【属性】下面的【操作面板窗口】,如图 6-15 所示。

> **注意:**
> 该操作面板只针对 ABB 示教器使用。

图 6-15 操作面板窗口

编辑窗口出现工作站中相关的操作按钮。各面板中各操作按钮的名称及功能,如表 6-1 所示。

表 6-1　操作按钮功能表

序号	按钮名称	图片	功能描述	备注
1	示教、再现切换开关		用于切换机器人的控制模式。 ① 示教：切换到该挡，操作人员可以使用示教器移动机器人示教编程。 ② 再现：切换到该挡，操作人员无法使用示教器控制机器人移动，仅可以控制机器人自动运行还是停止	
2	伺服准备按钮		该按钮对应 ABB 机器人控制柜上的电机伺服准备按钮。用于自动运行时电机上电准备以及报警后电机上电恢复	仅限用于 ABB 机器人示教器
3	启动运行按钮		用于控制工作站的运行开始，对应实际工作站的启动运行（PLC 运行开始）	实际工作站采用双启动保护，仿真工作站采用单启动即可
4	运转指示灯		该绿色指示灯，用于指示机器人正在运行的状态	
5	报警复位按钮		该按钮主要用于报警复位，对应各品牌机器人的报警消除功能按钮	
6	运行停止按钮		程序运行停止按钮，对应机器人的运行停止按钮	
7	拨码开关		拨码开关主要用于上传两个组信号，这里主要用于指定要调用的程序号	regl：＝ GI01 ＋ GI02 * 10； CallByVar "Routine"，regl；
8	急停按钮		需要紧急停止时按下该按钮，该按钮具有使所有动作停止的功能	
9	报警指示灯		该红色指示灯用于指示报警状态	

续表

序号	按钮名称	图片	功能描述	备注
10	蜂鸣器		蜂鸣器是一个报警时发出警示声音的装置	

2. 拨码开关

拨码开关是配合 DI 信号来使用的,它是将拨码器上十进制数转化为二进制在 DI 信号中表示,从第一排左边开始计数二进制。例如:拨码开关为 4,则 DI 信号为 DI3 输出。如图 6-16 所示。

图 6-16 拨码开关

3. 程序自动运行

打开示教器中相应的例行程序。在控制面板上,单击自动运行 。在示教器窗口,会弹出警告对话框,如图 6-17 所示。

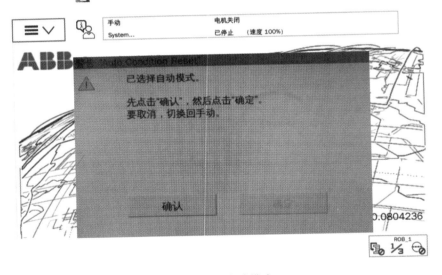

图 6-17 自动模式

先单击【确认】,再单击【确定】,进入自动运行窗口。

单击控制面板上【示教 再现】旋钮,将其转到【示教】位置,如图 6-18 所示。

单击控制面板上的【伺服】,如图 6-19 所示,启动伺服电机。

伺服电机启动后,可以通过控制面板上的【启动】按钮,启动程序。如图 6-20 所示。

程序启动运行后,可以通过示教器上的【急停】或者控制面板上的【停止】或【急停】按钮,停止程序。

在【急停】按钮按下时,蜂鸣器会报警。可以通过控制面板上的【复位】按钮消除报警。

图 6-18 示教/再现按钮　　图 6-19 伺服按钮　　图 6-20 启动按钮

6.2　工作站工具及动作程序

◆ 6.2.1　工具信号及设置

1. 工具名称

工作站场景如前所述。工作站工具的名称、尺寸及信号如表 6-2 所示。

表 6-2　工具的相关参数

工具名称	工具图片	工具尺寸			信号		
		X	Y	Z	信号(1 对应地址 0)	TRUE	FALSE
吸盘		122	1	40	DOUT[11]	吸盘吸取	互斥
					DOUT[12]	吸盘释放	互斥
夹爪		−70	0	180	DOUT[9]	夹爪夹紧	互斥
					DOUT[10]	夹爪松开	互斥
笔		0	190	39	DOUT[2]	画线	不画线
卡盘		无	无	无	DOUT[7]	卡盘夹紧	互斥
					DOUT[8]	卡盘松开	互斥
分拣槽-左		无	无	无	DIN[27]	有红料	无料
分拣槽-中		无	无	无	DIN[28]	有黄料	无料
分拣槽-右		无	无	无	DIN[29]	有灰料	无料
中转板-内		无	无	无	DIN[20]	有托板	无托板
中转板-中		无	无	无	DIN[19]	有托板	无托板
中转板-外		无	无	无	DIN[22]	有托板	无托板
中转板-外右		无	无	无	DIN[23]	有料(上下料 2)	无料
码垛放料		无	无	无	DIN[21]	有料	无料

2. 工具信号 I/O 设置

工作站中,工具需要配置几个输出信号,用于控制相关工具的关闭和打开。具体操作步骤如下。

▌步骤 1 在主菜单中,单击【控制面板】,选择【配置】,选择【DeviceNet Device】,单击【显示全部】。若已经存在 d652,则单击【后退】,返回 DeviceNetDevice 窗口;若不存在 d652,则先添加 d652。

▌步骤 2 在 I/O System 窗口,选择【Signal】,单击【显示全部】,在 Signal 窗口,单击【添加】,新建 do2、do7、do8、do9、do10、do11、do12 几个数字量输出,具体参数如表 6-3 所示。

表 6-3 工作站 do 参数表

名称	Type of signal	Assigned to device	Device Mapping
Do2	Digital Output	d652	1
Do7	Digital Output	d652	6
Do8	Digital Output	d652	7
Do9	Digital Output	d652	8
Do10	Digital Output	d652	9
Do11	Digital Output	d652	10
Do12	Digital Output	d652	11

各输出信号新建完成后,如图 6-21 所示。

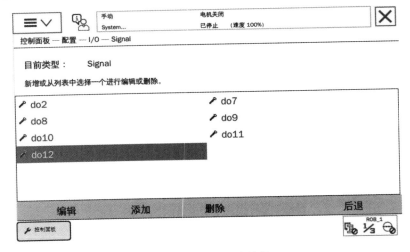

图 6-21 新建输出信号

6.2.2 工具程序

1. 程序模块 rclamp

▌步骤 1 在 T_ROB1 下,新建一个程序模块,命名为 rclamp,如图 6-22 所示。

▌步骤 2 单击【显示模块】,新建例行程序,命名为:夹爪夹紧 jzclamp()、卡盘夹紧

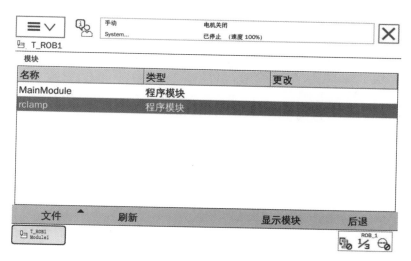

图 6-22　新建 rclamp 程序

kpclamp( )、卡盘松开 kploosen( )、吸盘夹紧 xpclamp( )、吸盘松开 xploosen( )、夹爪松开 jzloosen( ),如图 6-23 所示。

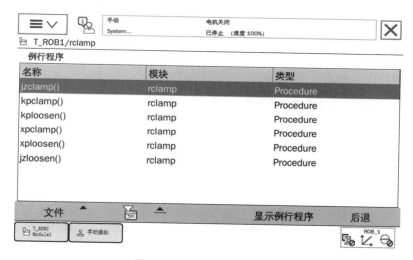

图 6-23　新建几个例行程序

2. 程序 jzclamp( )

步骤 1　打开例行程序 jzclamp( ),选中【〈SMT〉】,单击【添加指令】,单击【WaitTime】,设置延时时间 0.1s,如图 6-24 所示。

步骤 2　单击【添加指令】,单击【Reset】,在 WaitTime 语句下方添加。单击【〈EXP〉】,在【插入表达式】窗口,选择信号【do10】,如图 6-25 所示。

单击【确定】,返回程序编辑窗口。

步骤 3　单击【添加指令】,单击【set】,单击【〈EXP〉】,在【插入表达式】窗口,选择信号【do9】,单击【确定】,如图 6-26 所示。

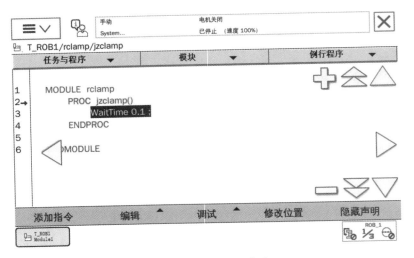

图 6-24　WaitTime 指令

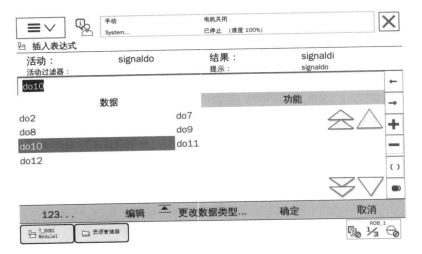

图 6-25　选择 do10

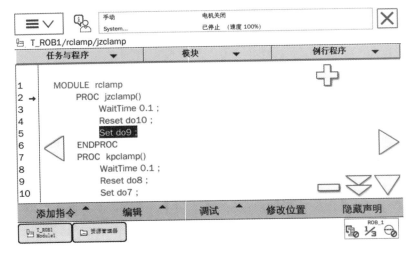

图 6-26　选择 do9

步骤 4 单击【编辑】,选中 jzclamp() 程序中第一行 WaitTime 0.1,单击【复制】,再选中 ENDPROC 上一行程序,单击【粘贴】,并将时间修改成 0.5。

步骤 5 完成后的程序如图 6-27 所示。

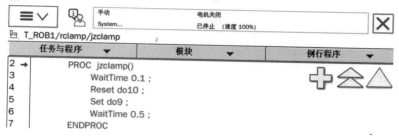

图 6-27 jzclamp() 程序

3. 程序 kpclamp()

步骤 1 打开例行程序 kpclamp(),单击【〈EXP〉】。

步骤 2 在该程序中,参考 jzclamp() 程序,编辑各指令。完成后的程序如图 6-28 所示。

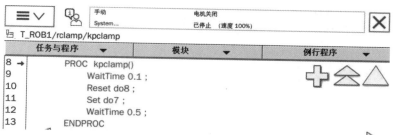

图 6-28 kpclamp() 程序

4. 程序 kploosen()

步骤 1 打开例行程序 kploosen(),单击【〈EXP〉】。

步骤 2 在该程序中,参考 jzclamp() 程序,编辑各指令。完成后的程序如图 6-29 所示。

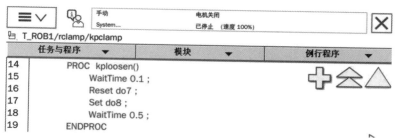

图 6-29 kploosen() 程序

5. 程序 xpclamp()

步骤 1 打开例行程序 xpclamp(),单击【〈EXP〉】。

步骤 2 在该程序中,参考 jzclamp()程序,编辑各指令。完成后的程序如图 6-30 所示。

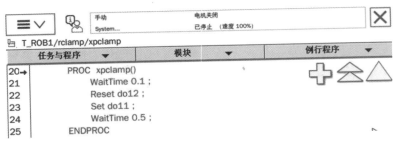

图 6-30　xpclamp()程序

6. 程序 xploosen()

步骤 1 打开例行程序 xploosen(),单击【〈EXP〉】。

步骤 2 在该程序中,参考 jzclamp()程序,编辑各指令。完成后的程序如图 6-31 所示。

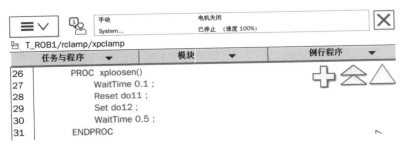

图 6-31　xploosen()程序

7. 程序 jzloosen()

步骤 1 打开例行程序 jzloosen (),单击【〈EXP〉】。

步骤 2 在该程序中,参考 jzclamp()程序,编辑各指令。完成后的程序如图 6-32 所示。

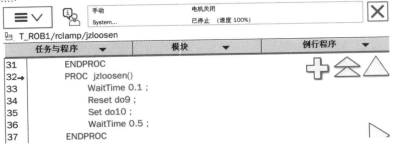

图 6-32　jzloosen()程序

6.3 工作站通用程序

工作站程序工作流程,如图 6-33 所示。

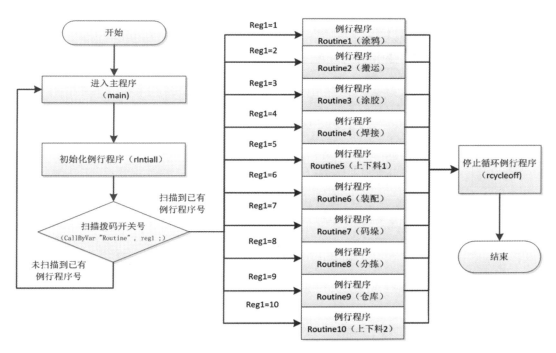

图 6-33　工作站程序流程图

◆　6.3.1　创建初始化程序

步骤 1　新建一个例行程序，命名为 rIntiall()，该程序为机器人初始化程序。如图 6-34 所示。

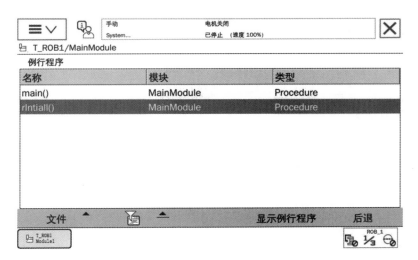

图 6-34　新建 rIntiall() 程序

步骤 2　单击【程序数据】，选择数据类型【num】，如图 6-35 所示。

单击【显示数据】，在数据类型 num 窗口，单击【新建】，命名为 ck1，如图 6-36 所示。单击【确定】。

再用相同的方法创建 ck2、ck3 和 ckcs，如图 6-37 所示。

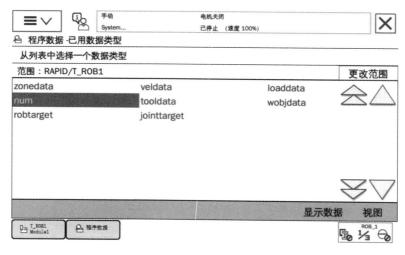

图 6-35　选择 num 数据类型

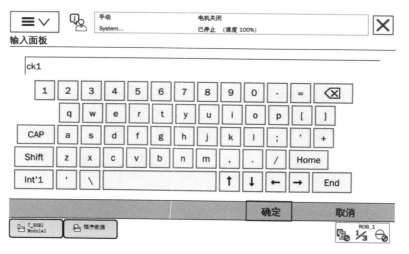

图 6-36　新建 ck1

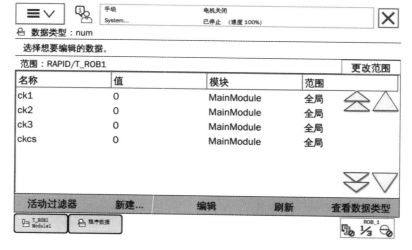

图 6-37　新建 ck2、ck3 和 ckcs

　　用相同的方法创建分拣任务中 fj1、fj2、fj3、fjcs 数据。其中,fj1 为红色料块计数标记(用于放置位置判断);fj2 为黄色料块计数标记;fj3 为白色料块计数标记;fjcs 为所有料块总计数(达到 6 块结束),如图 6-38 所示。

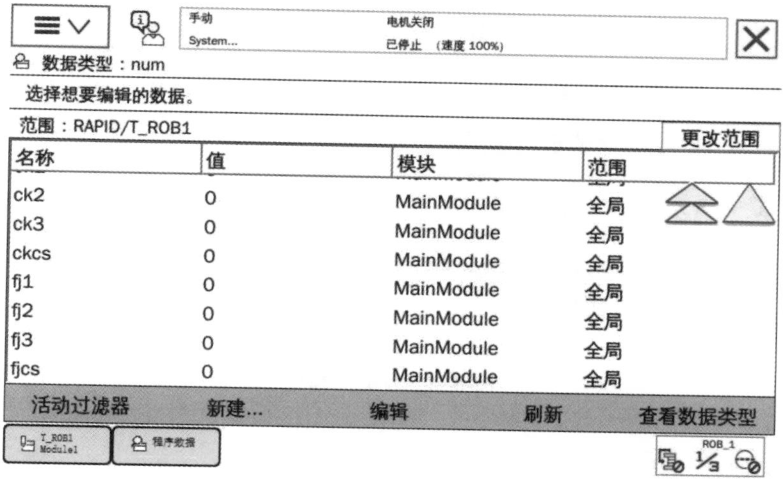

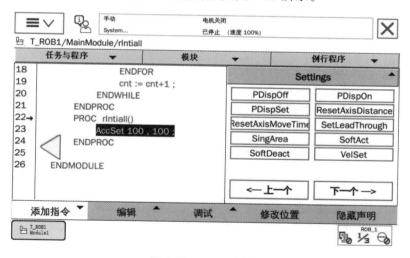

图 6-38　新建 fj1、fj2、fj3 和 fjcs

　　步骤 3　　单击 rIntiall()例行程序中的【〈SMT〉】,单击【添加指令】,单击【AccSet】,该指令用于设定机器人加速度的倍率及坡度值,如图 6-39 所示。

图 6-39　AccSet 指令

　　步骤 4　　单击【添加指令】,单击【VelSet】指令,添加在 AccSet 指令下方,该指令用于设定机器人速度倍率及最大速度值,如图 6-40 所示。

　　步骤 5　　单击【添加指令】,单击赋值指令【:=】,在【插入表达式】窗口,将 0 赋值给数据 ck1,如图 6-41 所示。

　　用相同的方法将 0 赋值给数据 ck2、ck3、ckcs,如图 6-42 所示。

　　上面四行指令用于定义仓库功能编程的变量。

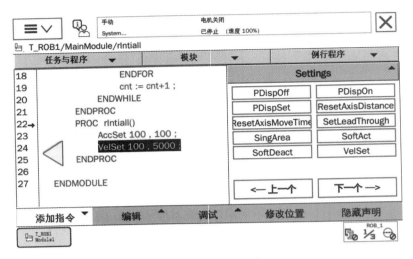

图 6-40 VelSet 指令

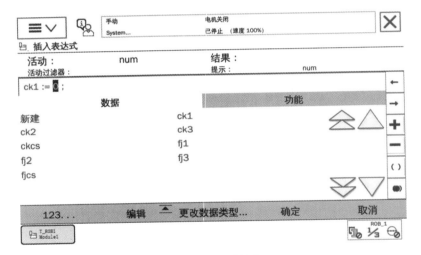

图 6-41 ck1 赋值为 0

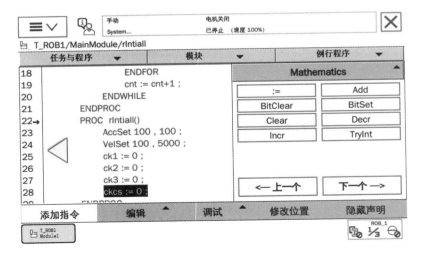

图 6-42 ck2 等赋值为 0

步骤 6 再将 0 赋值给 fj1、fj2、fj3 和 fjcs，如图 6-43 所示。

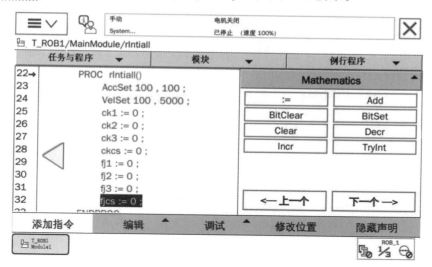

图 6-43　fj1 等赋值为 0

上面四行指令用于定义分拣功能编程的变量。

步骤 7 将机器人运动到原点，单击【添加指令】，单击【MoveAbsJ】，单击【新建】，将 * 命名为 pHome，完成该初始化程序。如图 6-44 所示。

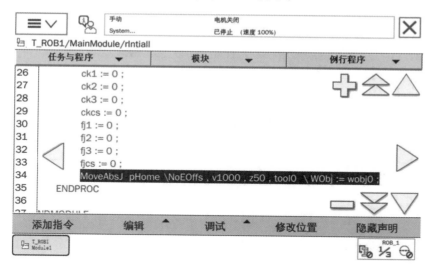

图 6-44　添加初始化指令

◆　6.3.2　创建停止运行程序

步骤 1 新建一个例行程序，命名为 rcycleoff（）（也可以根据个人习惯来编写程序名称），该程序为机器人停止程序。如图 6-45 所示。

步骤 2 单击 rcycleoff（）程序中的【〈SMT〉】，单击【添加指令】，单击【MoveAbsJ】，将位置【jpos20】修改为【pHome】，如图 6-46 所示。

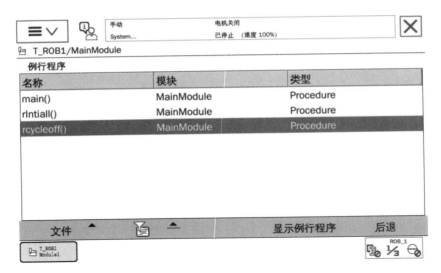

图 6-45　新建 rcycleoff（）

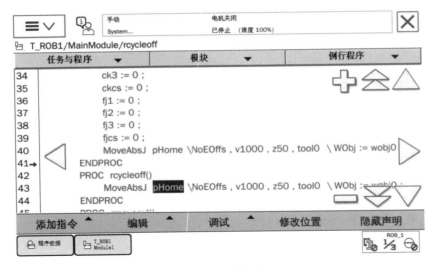

图 6-46　修改位置名为 pHome

步骤 3　单击【添加】指令，单击【Stop】，将其添加在 MoveAbs 指令的下方。

步骤 4　单击【添加指令】，单击【Set】，双击【〈EXP〉】，选择信号【do2】。如图 6-47 所示。单击【确定】。

步骤 5　单击【添加指令】，单击【WaitTime】，双击【〈EXP〉】，在【插入表达式】窗口，输入需要等待的时间 0.1s。单击【确定】，再单击【确定】，如图 6-48 所示。

步骤 6　用相同的方法，添加【Reset】指令，如图 6-49 所示。

步骤 7　复制并粘贴步骤 6 中的 WaitTime 指令，再将时间改成 3s，完成该停止运行程序，如图 6-50 所示。

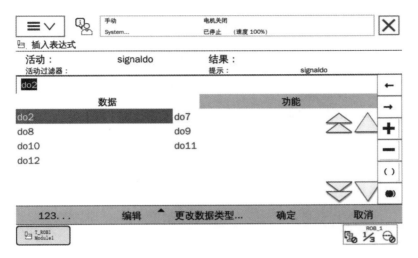

图 6-47　选择 do2

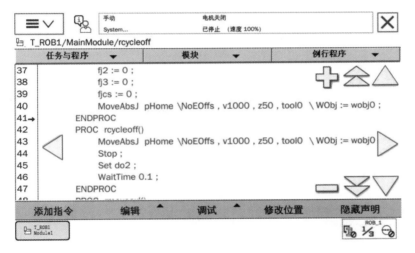

图 6-48　WaitTime 0.1 指令

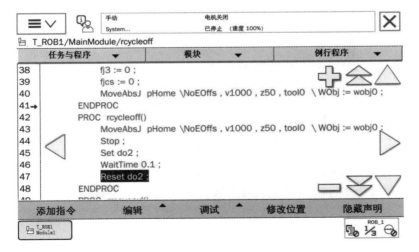

图 6-49　Reset 指令

图 6-50　WaitTime 3 指令

6.4 （机床）上下料 1 场景

6.4.1　任务描述

本任务以 HM9-RBT04 工作站中上下料 1 场景为例进行讲解。上下料 1 场景是机器人将图 6-51 中右后方斜托板上圆柱料块搬运到图 6-51 中右前方机床卡盘上，完成机床上料；然后机器人回等待位置 p50，上、下料之间延时时间根据机床加工零件所需时间而定；接着机器人从卡盘上将圆柱料取下并送到左前方托板上，完成机床下料。

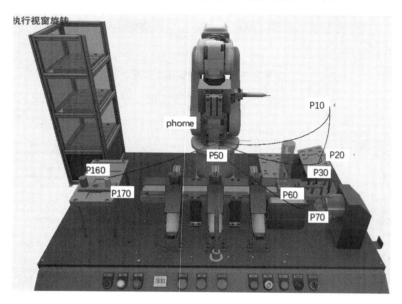

图 6-51　上下料 1 运动轨迹

◀ 图 6-51　上下料 1 动画

◆ **6.4.2　背景知识**

1. 设置工具坐标 tool3

工具名称为夹爪,其坐标采用直接输入法,tool3 坐标值为$(x,y,z)=(-70,0,180)$。

步骤 1　在主菜单窗口,单击【程序数据】,单击【tooldata】。

步骤 2　单击【显示数据】,系统默认为 tool0,单击【编辑】,选择【删除】,将默认数据之外的其他数据都删掉。

步骤 3　单击【新建】,命名为【tool3】,其他选项用默认值。单击【确定】,完成工具坐标 tool3 的创建,如图 6-52 所示。

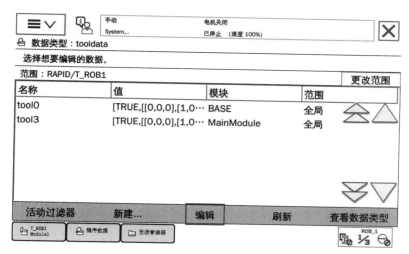

图 6-52　新建 tool3 坐标

步骤 4　单击 tool3,选择【编辑】→【更改值】,其中设置$(x,y,z)=(-70,0,180)$;mass=1。单击【确定】,返回数据类型 tooldata 窗口。

步骤 5　在主菜单中,单击【手动操纵】,设置动作模式为【线性】,设置坐标系为【工具坐标系】,设置工具坐标为【tool3】。

2. 设置工件坐标 wobj1

工件位置位于工作台右后侧斜托板,采用三点法。

步骤 1　在主菜单窗口,单击【程序数据】,选择【wobjdata】,单击【显示数据】。wobj0 是机器人默认的工件坐标系,不可删除或修改。删除 wobj0 以外的所有工件坐标。

步骤 2　单击【新建】,命名为 wobj1,保持其他参数不变。单击【确定】,创建一个工件坐标系 wobj1,如图 6-53 所示。

步骤 3　选中 wobj1,单击【编辑】,在弹出的对话框中单击【定义】,在工作坐标定义页面设置【用户方法】为【3 点】,如图 6-54 所示。

步骤 4　机器人在工作台斜托板上创建的工件坐标 wobj1 的三个点分别为 X1、X2、Y1,如图 6-55 所示。

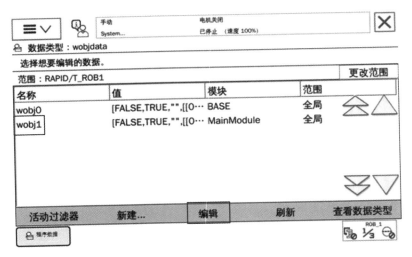

图 6-53　新建工件坐标 wobj1

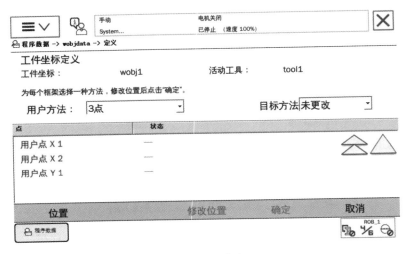

图 6-54　三点法定义 wobj1

图 6-55　工件坐标 wobj1

（1）先将机器人工具末端移动到托板上 X1 位置处，再将示教器光标置于用户点 X1 上，单击【修改位置】，则当前位置被记录到第一个点，示教器显示用户点 X1 状态为【已修改】，光标自动移动到下一行。

（2）将机器人工具末端移动到托板上 X2 位置处，再将示教器光标置于用户点 X2 上，单击【修改位置】，则当前位置被记录到第二个点，示教器显示用户点 X2 状态为【已修改】，光标自动移动到下一行。

（3）将机器人工具末端移动到托板上 Y1 位置处，再将示教器光标置于用户点 Y1 上，单击【修改位置】，则当前位置被记录到第三个点，示教器显示用户点 Y1 状态为【已修改】，如图 6-56 所示。

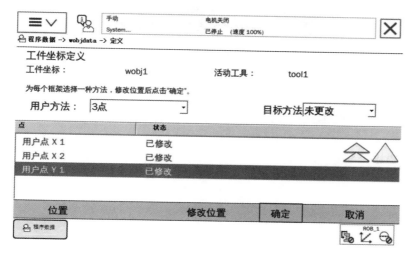

图 6-56　确定 wobj1 三个点

◆ **6.4.3　任务程序——机床上下料 1 程序 rmovesxl（）**

步骤 1　　新建例行程序 rmovesxl（）。

单击【〈SMT〉】，在机器人初始位置，单击【添加指令】，单击【MoveAbsJ】，将位置　名称修改为 pHome，单击【确定】。

步骤 2　　在主菜单窗口，单击【手动操纵】，选择【动作模式】为【线性】；选择【工具坐标】为【tool3】；设置工件坐标为【wobj0】。

步骤 3　　将机器人从 pHome 点运动到程序起点 p10，如图 6-57 所示。

单击【添加指令】，单击【MoveJ】，插入一行指令，再单击【速度】，在速度选择窗口，选择速度【v500】，单击【确定】，如图 6-58 所示。

步骤 4　　在主菜单窗口，单击【手动操纵】，选择【工具坐标】为【tool3】，选择【工件坐标】为【wobj1】。

将机器人运动到靠近毛坯零件点 p20，如图 6-59 所示。

单击【添加指令】，单击【MoveJ】，插入一行指令。

图 6-57　程序起点位置 p10

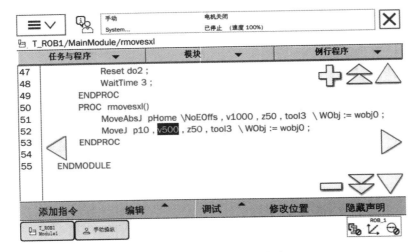

图 6-58　程序起点 p10 指令

图 6-59　夹爪动作位置 p20

步骤 5　单击【添加指令】，单击【ProcCall】，在子程序调用窗口，选择夹爪松开程序 jzloosen()，单击【确定】，如图 6-60 所示。

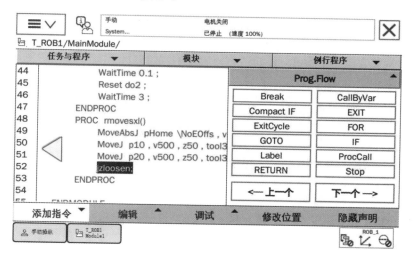

图 6-60　调用夹爪松开程序

步骤 6　将机器人运动到毛坯零件装夹点 p30，如图 6-61 所示。

图 6-61　毛坯零件装夹位置 p30

单击【添加指令】，单击【MoveL】，插入一行指令，如图 6-62 所示。

步骤 7　单击【添加指令】，单击【ProcCall】，在子程序调用窗口，选择夹爪夹紧程序 jzclamp()，单击【确定】，如图 6-63 所示。

步骤 8　单击【添加指令】，单击【MoveL】，插入一行指令，将位置修改成 p20。

步骤 9　在主菜单窗口，单击【手动操纵】，选择【工具坐标】为【tool3】，选择【工件坐标】为【wobj0】。再将机器人运动到机器人等待点 p50，如图 6-64 所示。

单击【添加指令】，单击【MoveJ】，插入一条指令，如图 6-65 所示。

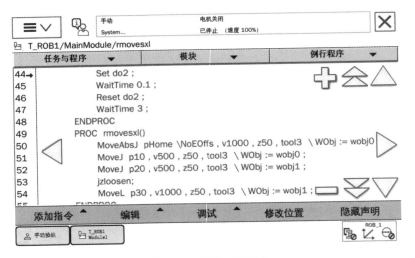

图 6-62　位置 p30 指令

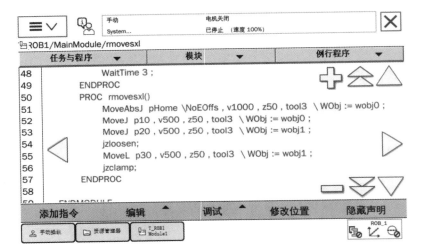

图 6-63　调用夹爪夹紧程序

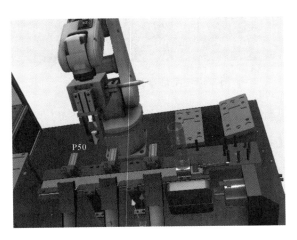

图 6-64　等待位置 p50

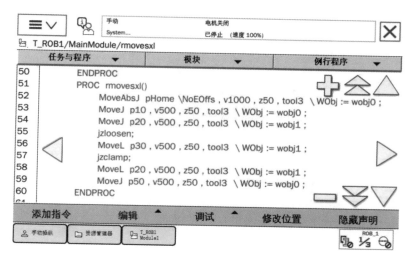

图 6-65　位置 p50 指令

步骤 10　将机器人运动到靠近机床卡盘点 p60,如图 6-66 所示。

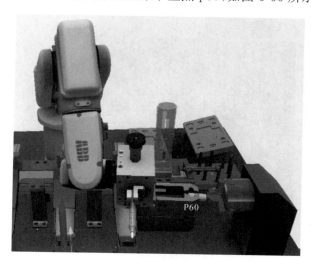

图 6-66　靠近卡盘位置 p60

单击【添加指令】,单击【MoveJ】,插入一行指令。

单击【添加指令】,单击【ProcCall】,在子程序调用窗口,选择卡盘松开程序 kploosen(),如图6-67 所示。

步骤 11　将机器人运动到卡盘装夹点 p70,如图 6-68 所示。单击【添加指令】,单击【MoveL】,插入一行指令。

步骤 12　单击【添加指令】,单击【ProcCall】,在子程序调用窗口,选择卡盘夹紧程序 kpclamp()。

再单击【添加指令】,单击【ProcCall】,在子程序调用窗口,选择夹爪松开程序 jzloosen()。

步骤 13　单击【添加指令】,单击【MoveL】,直接插入一行程序,并将位置改成 p70。

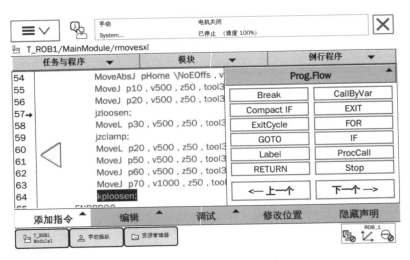

图 6-67　调用卡盘松开程序

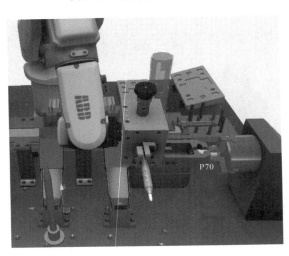

图 6-68　卡盘装夹位置 p70

再单击【添加指令】，单击【MoveJ】，直接插入一行程序，并将位置改成 p50，机器人回到等待点，机器人上料结束。如图 6-69 所示。

图 6-69　上料完成

等待机床加工零件完成后(此处设定为 2s),机器人进行下料运动。

步骤 14 单击【添加指令】,单击【WaitTime】,时间设为 2s。

单击【添加指令】,单击【MoveL】,直接插入一行程序,并将位置改成 p70。

单击【添加指令】,单击【MoveJ】,直接插入一行程序,并将位置改成 p80。

步骤 15 单击【添加指令】,单击【ProcCall】,在子程序调用窗口,选择夹爪夹紧程序 jzclamp()。

再单击【添加指令】,单击【ProcCall】,在子程序调用窗口,选择卡盘松开程序 kploosen()。

步骤 16 单击【添加指令】,单击【MoveL】,直接插入一行程序,并将位置改成 p70。

单击【添加指令】,单击【MoveJ】,直接插入一行程序,并将位置改成 p50,如图 6-70 所示。

图 6-70 机床下料等待点

步骤 17 将机器人运动到靠近零件摆放点 p160,如图 6-71 所示。

图 6-71 靠近零件摆放位置 p160

单击【添加指令】,单击【MoveJ】,直接插入一行程序。

步骤 18 将机器人运动到零件摆放点 p170,如图 6-72 所示。

单击【添加指令】,单击【MoveL】,直接插入一行程序。

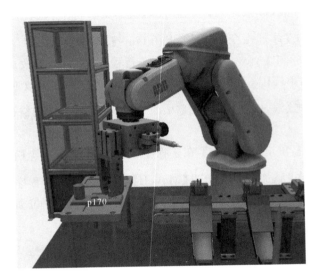

图 6-72　零件摆放位置 p170

步骤 19　单击【添加指令】,单击【ProcCall】,在子程序调用窗口,选择夹爪松开程序 jzloosen(),如图 6-73 所示。

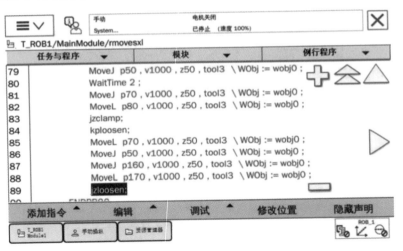

图 6-73　零件摆放位置 p170 指令

步骤 20　单击【添加指令】,单击【MoveL】,直接插入一行程序,将位置改为 p160。 单击【添加指令】,单击【MoveJ】,直接插入一行程序,将位置改为 p50。

复制第一行指令,选中 ENDPROC 上一行,单击【粘贴】,机器人回到 pHome 位置。机器人下料完成。

步骤 21　上下料 1 程序 rmovesxl() 的完整程序如图 6-74 所示。

步骤 22　调试运行。

单击【调试】,单击【PP 移至例行程序】,选择程序【rmovesxl】,单击【确定】。

按住使能按键不放,再按下 PLAY 键,观察工作站上下料 1 程序的运动轨迹。

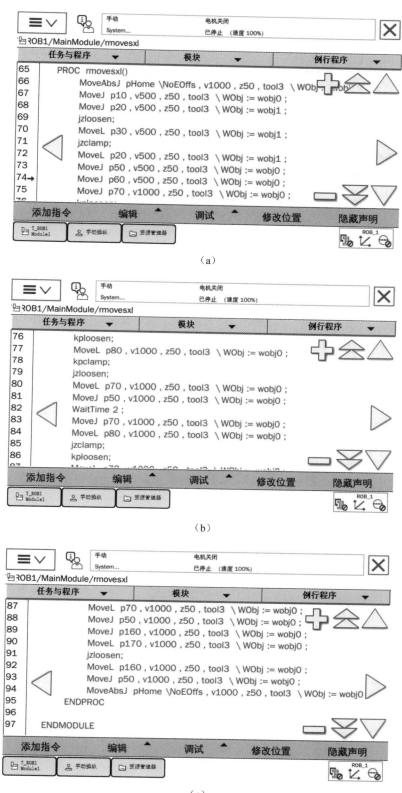

图 6-74　rmovesxl()完整程序

参考文献

[1]　叶晖.工业机器人实操与应用技巧[M].2 版.北京:机械工业出版社,2017.

[2]　叶晖.工业机器人典型应用案例精析[M].北京:机械工业出版社,2013.

[3]　叶晖.工业机器人工程应用虚拟仿真教程[M].北京:机械工业出版社,2014.